U0163131

京津新城昆虫与蜘蛛生态图册

NATURAL HISTORY OF INSECTS AND SPIDERS WITH PHOTOGRAPHIC GUIDE IN JING-JIN NEW TOWN, BAODI, TIANJIN, CHINA

张润志　骆有庆◎著

长江出版传媒　湖北科学技术出版社

图书在版编目（CIP）数据

京津新城昆虫与蜘蛛生态图册 / 张润志，骆有庆著. — 武汉 : 湖北科学技术出版社，2022.11

ISBN 978-7-5706-2279-5

Ⅰ. ①京… Ⅱ. ①张… ②骆… Ⅲ. ①昆虫－华北地区－图集 Ⅳ. ①Q968.222-64

中国版本图书馆 CIP 数据核字(2022)第 200627 号

京津新城昆虫与蜘蛛生态图册
JINGJIN XINCHENG KUNCHONG YU ZHIZHU SHENGTAI TUCE

责任编辑：彭永东　　封面设计：胡　博

出版发行：湖北科学技术出版社　　电话：027-87679468
地　　址：武汉市雄楚大街 268 号　　邮编：430070
（湖北出版文化城 B 座 13-14 层）
网　　址：http：//www.hbstp.com.cn

印　　刷：湖北新华印务有限公司　　邮编：430035

787×1092　1/16　31 印张　500 千字
2022 年 11 月第 1 版　2022 年 11 月第 1 次印刷
定价：800.00 元

About The Authors

作者简介

张润志　男，1965 年 6 月生。中国科学院动物研究所研究员、中国科学院大学岗位教授、博士生导师。2005 年获得国家杰出青年基金项目资助，2011 年获得中科院杰出科技成就奖，2019 年获得庆祝中华人民共和国成立 70 周年纪念章。主要从事鞘翅目象虫总科系统分类学研究以及外来入侵昆虫的鉴定、预警、检疫与综合治理技术研究。先后主持国家科技支撑项目、中国科学院知识创新工程重大项目、国家自然科学基金重点项目等。独立或与他人合作发表萧氏松茎象 *Hylobitelus xiaoi* Zhang 等新物种 145 种，获国家科技进步二等奖 3 项（其中 2 项为第一完成人，1 项为第二完成人），发表学术论文 200 余篇，出版专著、译著等 20 余部。

张润志

骆有庆　男，1960 年 10 月生。北京林业大学“长江学者”特聘教授，原副校长。现兼任教育部创新团队领衔人、教育部黄大年式教师团队和教育部虚拟教研室负责人、教育部科技委环境学部委员、中法欧亚森林入侵生物联合实验室中方主任、国家林草局林业有害生物防治技术标准委员会主任委员、中国昆虫学会副理事长、中国林学会森林昆虫分会主任委员等职。主要研究方向为林木钻蛀性害虫生态调控和入侵生物防控，领衔团队首次发现重大林业入侵害虫 4 种。以第一获奖人获国家科技进步二等奖 2 项，获国家教学成果二等奖 1 项，省部级教学成果特等奖和一等奖 4 项。

骆有庆

Preface

前　言

京津新城是2006年国务院批准建设的天津市11个新城之一，位于天津市宝坻区周良庄镇。西侧紧邻津蓟高速，北侧是唐廊公路，西侧至南侧是宝白公路。京津新城东侧毗邻潮白新河，并通过柴家铺干渠、马营渠等连通区域内的水系。北京科技大学天津学院和天津财经大学珠江学院坐落在京津新城的东北角。

京津新城所在区域，是燕山山脉到渤海湾的过渡地带，其生物区系基本反映了华北平原的大体情况。京津新城开发建设至今已有16年的历史，这也基本代表了从芦苇等为主要植被的荒郊野地向城市园林转变初期的物种变化。2014年至今，我们有机会在此发现了许多有趣的昆虫和蜘蛛。有许多美丽的蝴蝶、蜜蜂、食蚜蝇、蜻蜓、螳螂、甲虫，也有危害臭椿和葡萄的“花大姐”斑衣蜡蝉，更有严重危害林木的著名外来入侵害虫美国白蛾和许多其他毛毛虫、蚜虫等，而大部分蜘蛛以取食害虫为主，是它们的天敌。

本书提供了包括半翅目、鳞翅目、脉翅目、膜翅目、鞘翅目、蜻蜓目、双翅目、螳螂目和直翅目的各种昆虫131种和13种蜘蛛的生态照片910幅，所有图片均为作者拍摄。物种鉴定过程中，得到了中国农业大学杨定教授和彩万志教授、北京林业大学武三安教授和任利利博士、西南大学于昕教授、广西师范大学周善义教授、西北大学谭江丽教授、泉州师范学院蒋国芳教授、江苏第二师范学院宋志顺教授以及中国科学院动物研究所乔格侠研究员、李枢强研究员、朱朝东研究员、姜春燕博士、路园园博士等多位分类学家的帮助，在此表示衷心感谢！图书的出版，得到国家林业和草原局野生动植物保护司“外来入侵物种普查试点”项目、北京市园林绿化局“北京市林业有害生物防治规划专题研究”项目和北京林业有害生物防控协会的大力支持，在此深表谢意！

张润志　骆有庆

2022年5月1日

Contents

目 录

❶ 斑衣蜡蝉 *Lycorma delicatula* (White)

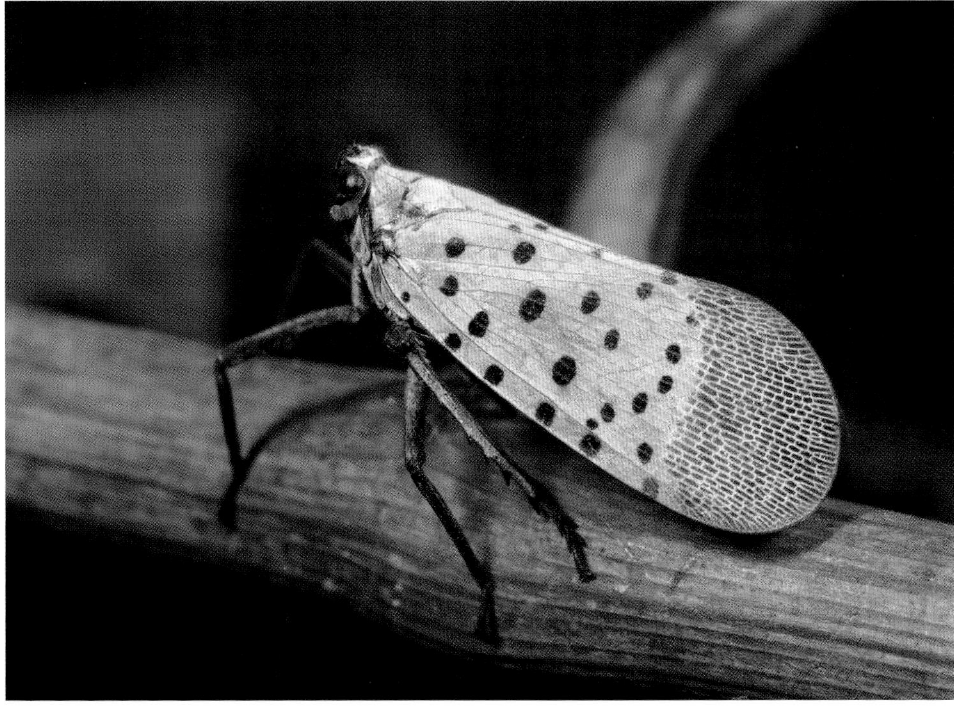

2019 年 9 月 22 日

2019 年 9 月 22 日

2017 年 9 月 30 日

2017 年 9 月 30 日

2017 年 5 月 28 日，三龄若虫

2018 年 5 月 29 日，三龄若虫

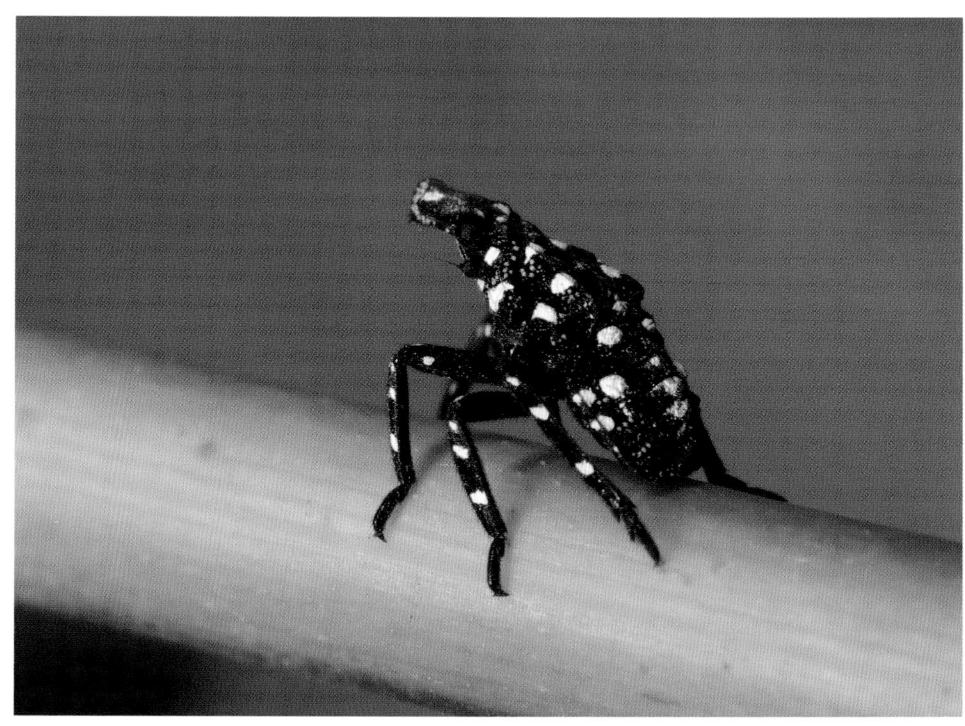

2018 年 5 月 29 日，三龄若虫

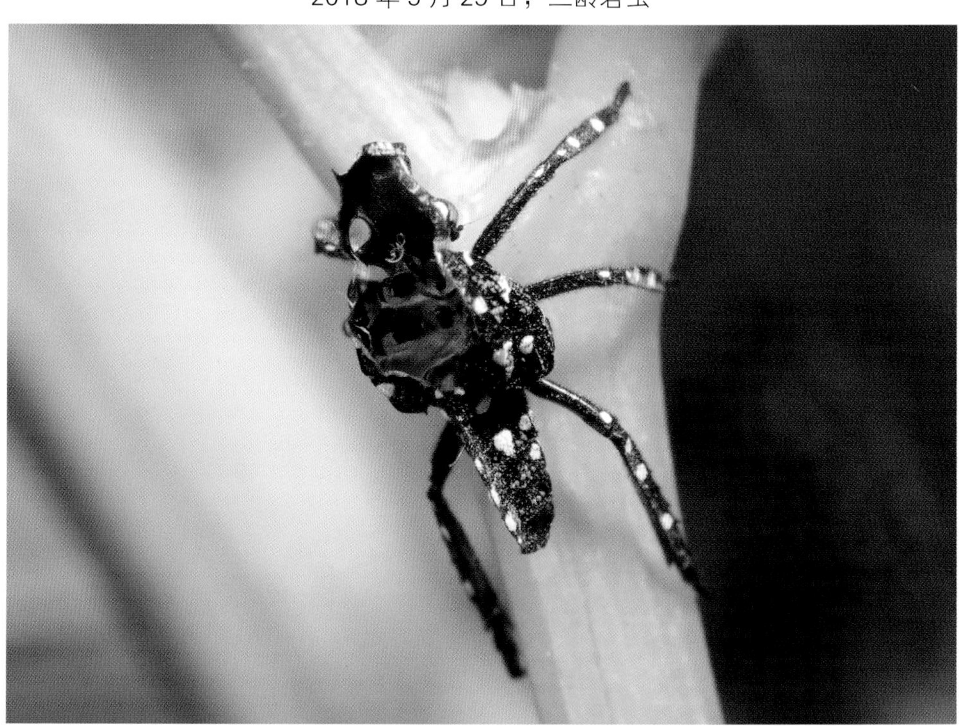

2018 年 5 月 29 日，三龄若虫蜕皮

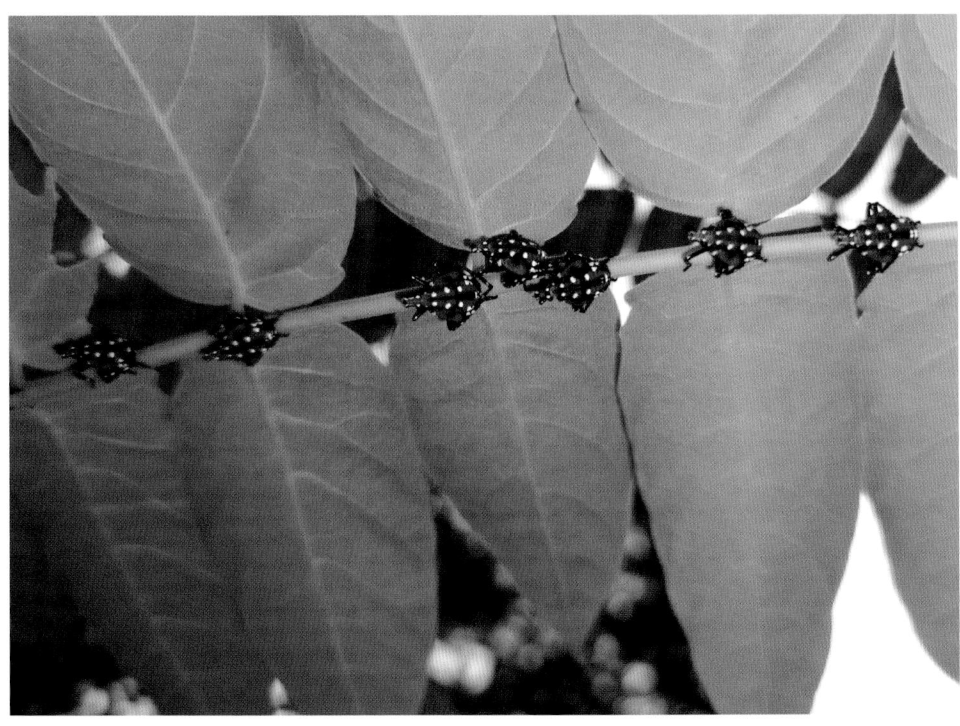

2021 年 7 月 3 日，四龄若虫

2021 年 7 月 3 日，四龄若虫

昆虫

半翅目 >

鳞翅目

脉翅目

膜翅目

鞘翅目

蜻蜓目

双翅目

螳螂目

直翅目

蜘蛛

2021 年 7 月 3 日，四龄若虫

2021 年 7 月 3 日，四龄若虫

❷ 黑蚱蝉 *Cryptotympana atrata* Fabricius

2020 年 7 月 18 日

2019 年 7 月 13 日

2019 年 8 月 18 日

2020 年 8 月 1 日

2020 年 8 月 1 日

2019 年 7 月 13 日

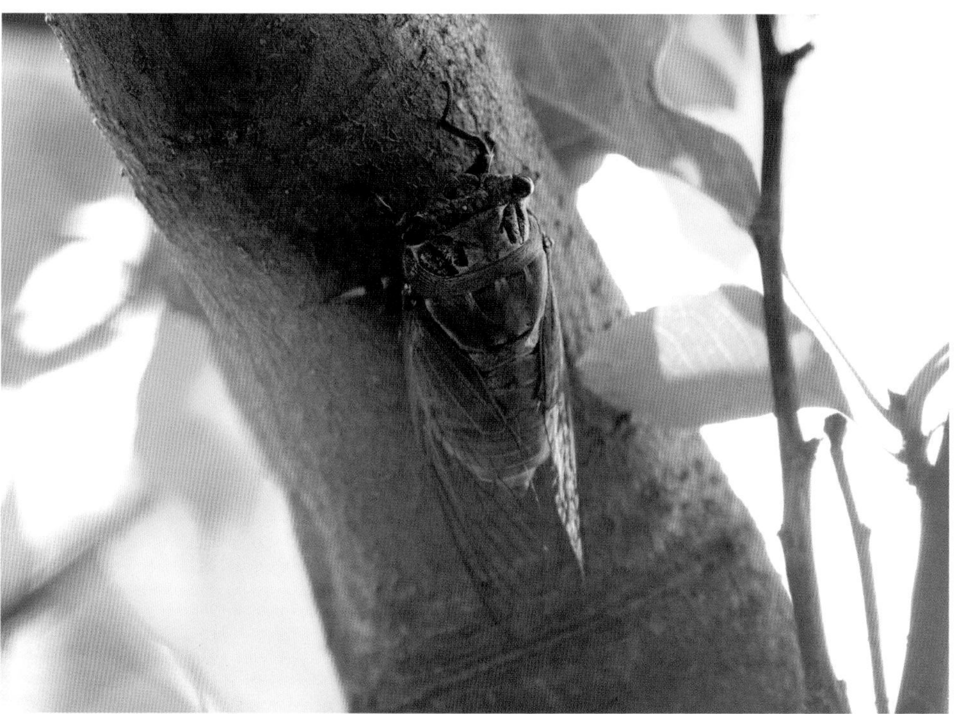

2020 年 7 月 25 日

2019 年 9 月 22 日，蝉蜕

③ 蟪蛄 *Platypleura kaempferi* (Fabricius)

2020 年 7 月 11 日

2020 年 7 月 11 日

④ 凹缘菱纹叶蝉 *Hishimonus sellatus* (Uhler)

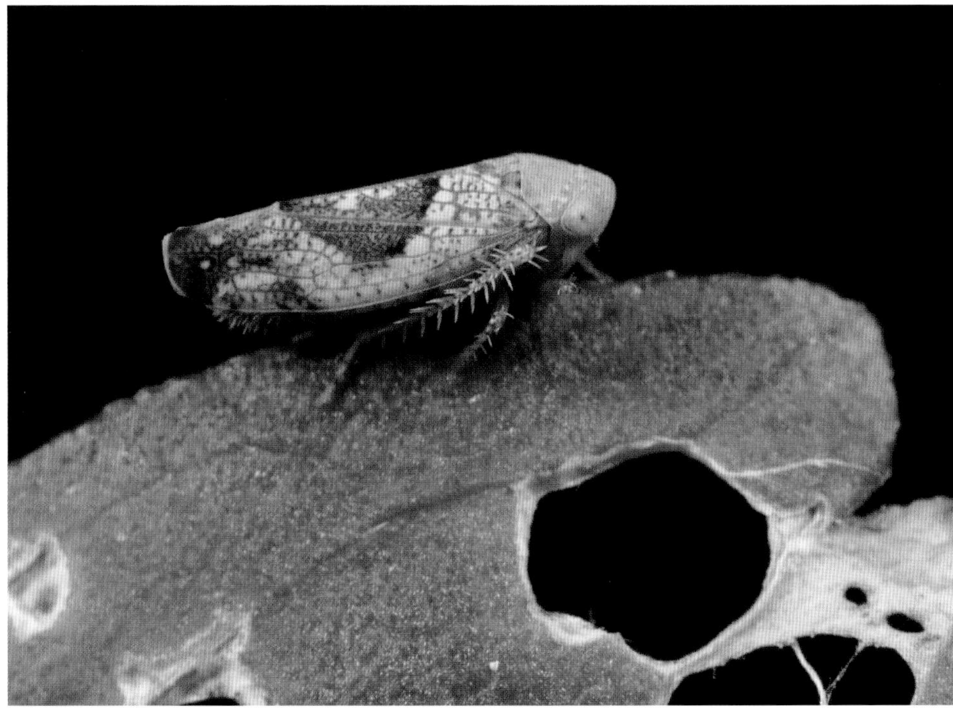

2021 年 10 月 2 日

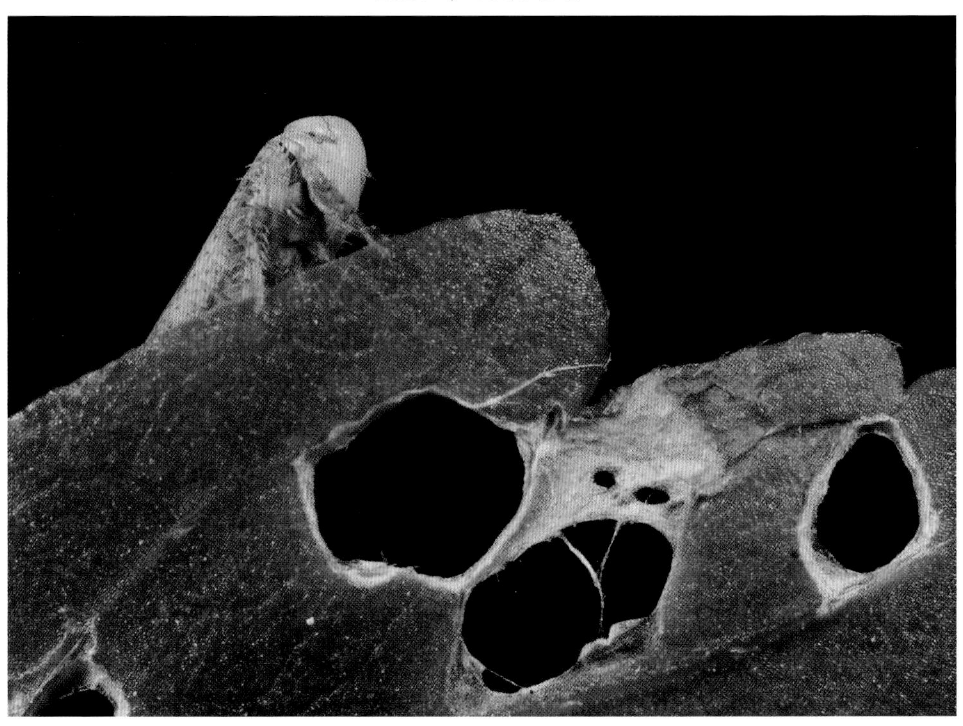

2021 年 10 月 2 日

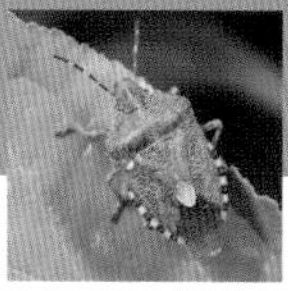

⑤ 斑须蝽 *Dolycoris baccarum* (Linnaeus)

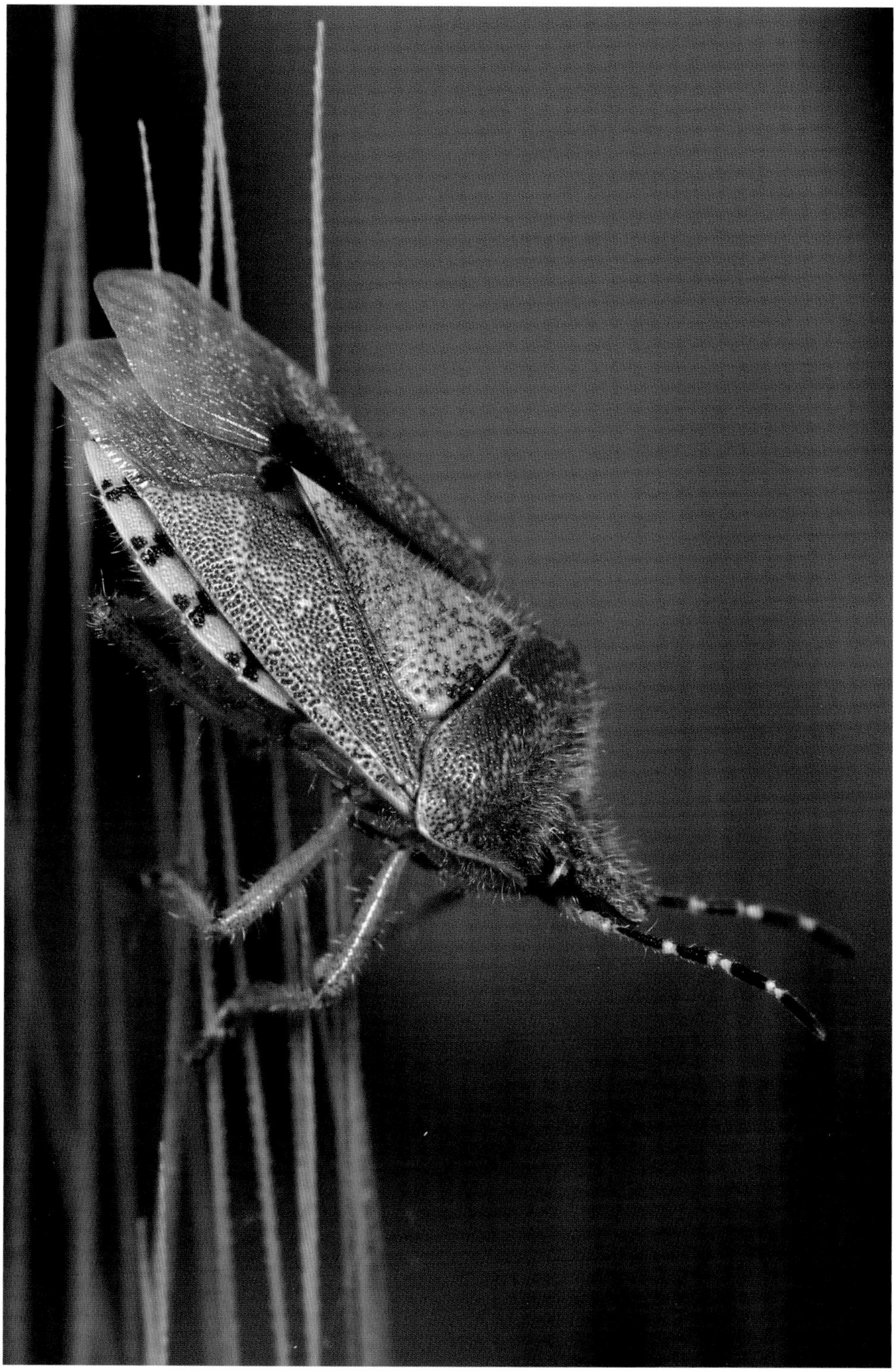

2015 年 5 月 2 日，小麦

2015 年 5 月 2 日，小麦

2019 年 5 月 2 日

2020 年 8 月 15 日，辣椒

2020 年 8 月 15 日，辣椒

2020 年 8 月 15 日，辣椒

2020 年 8 月 15 日，辣椒

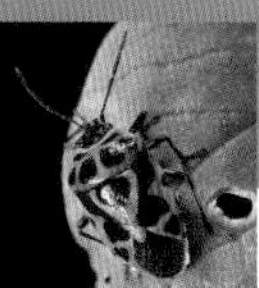

❻ 菜蝽 *Eurydema dominulus* (Scopoli)

2020 年 8 月 15 日，油菜

⑦ 茶翅蝽 *Halyomorpha halys* (Fabricius)

2017 年 5 月 28 日，葡萄

2020 年 7 月 25 日，桃

2020 年 7 月 25 日，桃

2020 年 7 月 25 日，桃

2020 年 7 月 25 日，桃

2020 年 7 月 25 日，桃

⑧ 开环缘蝽 *Stictopleurus minutus* Blöte

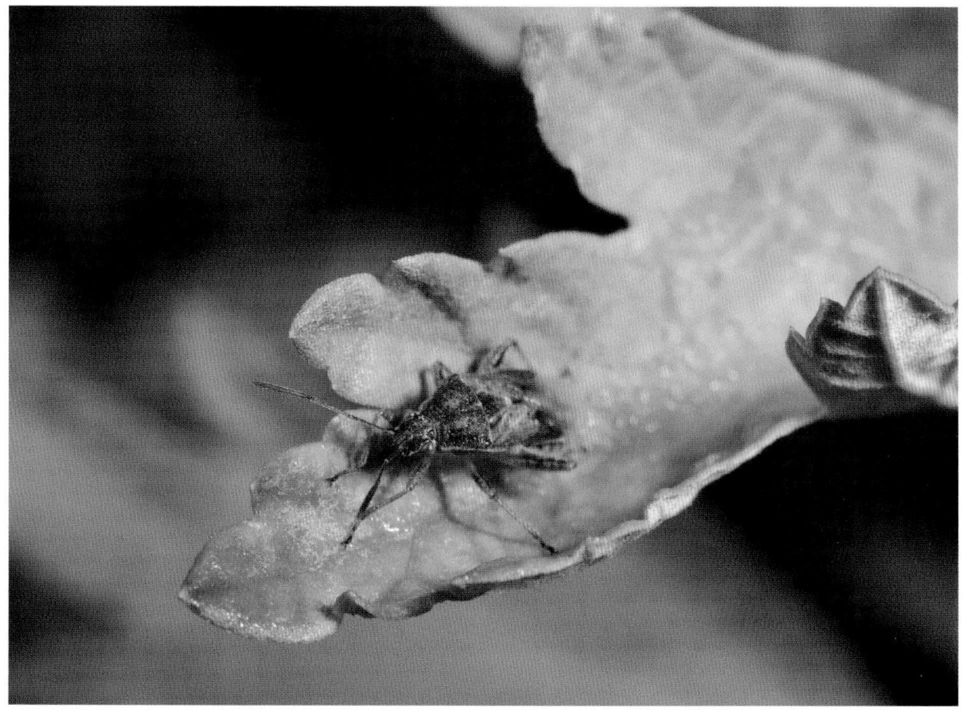

2020 年 9 月 13 日，菊花

2020 年 9 月 13 日，菊花

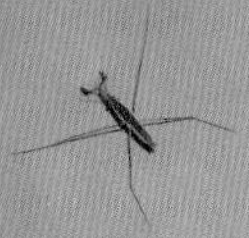

⑨ 圆臀大黾蝽 *Aquarius paludum* (Fabricius)

2019 年 7 月 13 日

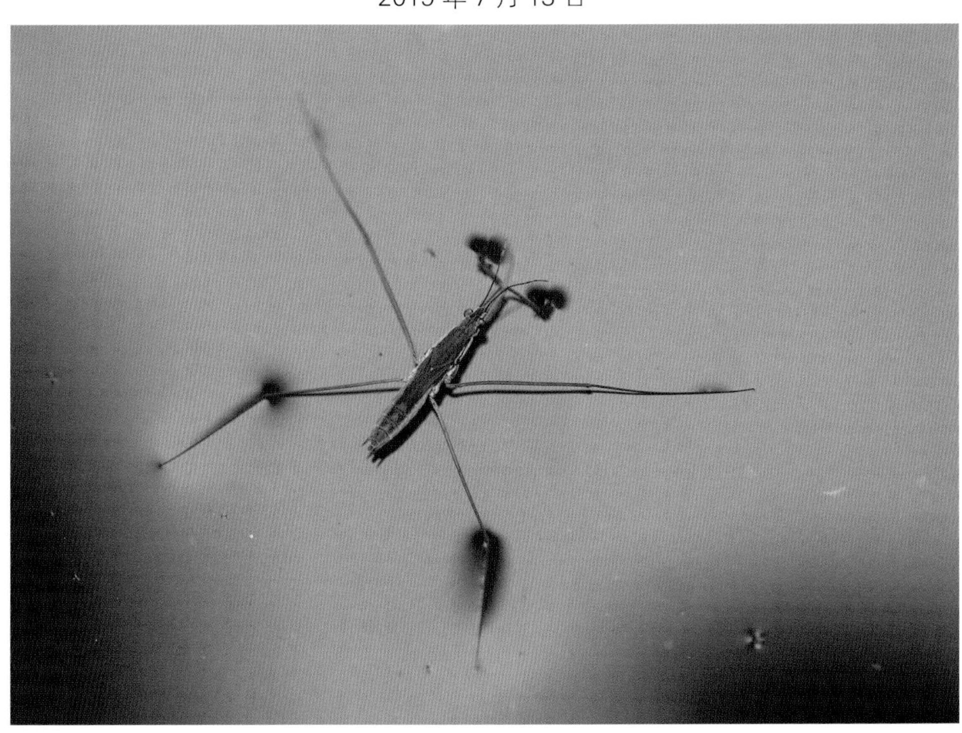

2020 年 7 月 11 日

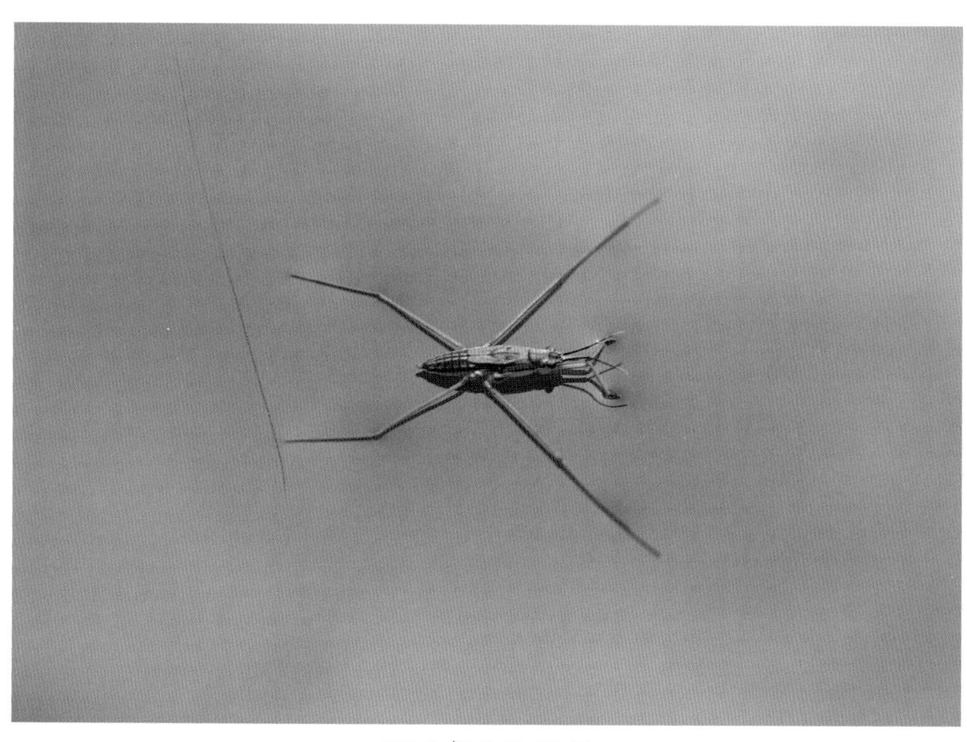

2019 年 7 月 13 日

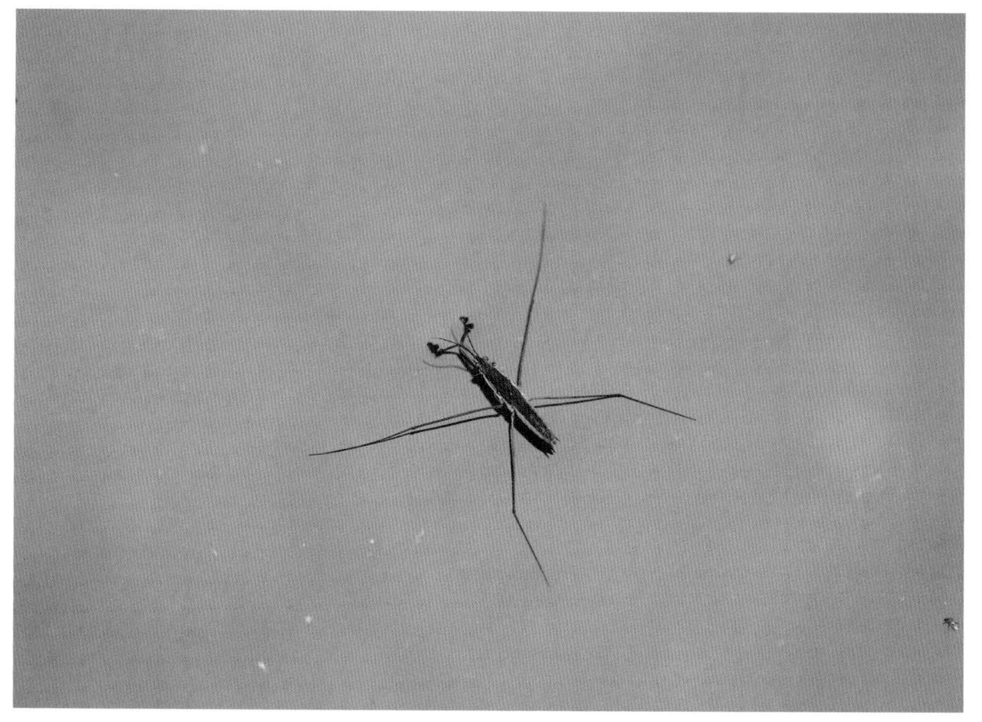

2020 年 7 月 11 日

2020 年 7 月 11 日

2019 年 8 月 25 日

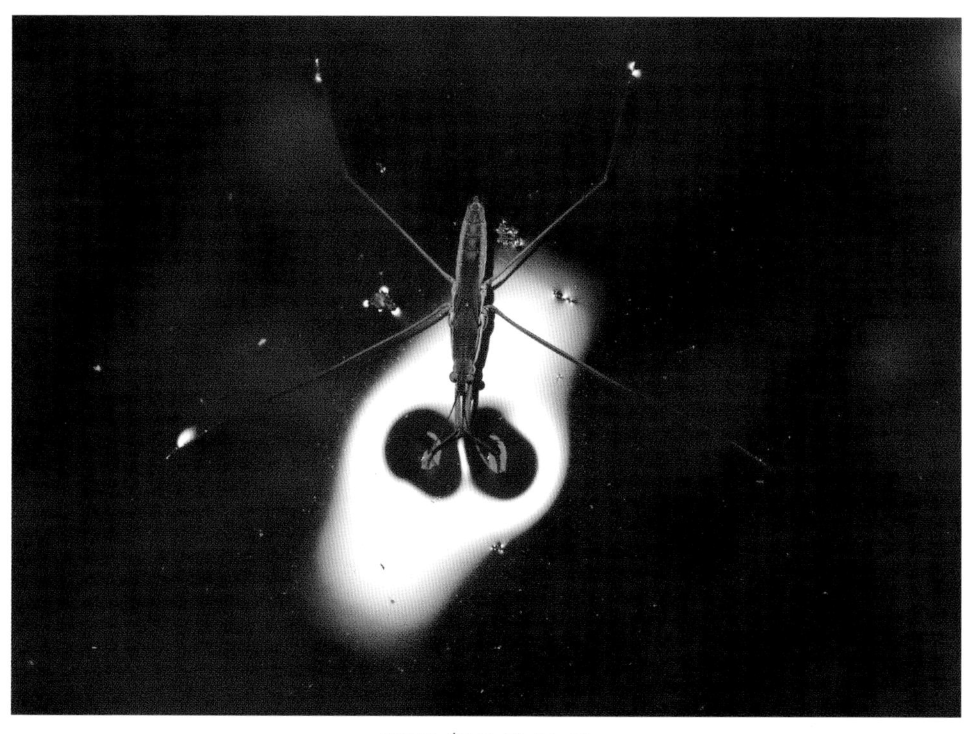

2020 年 7 月 11 日

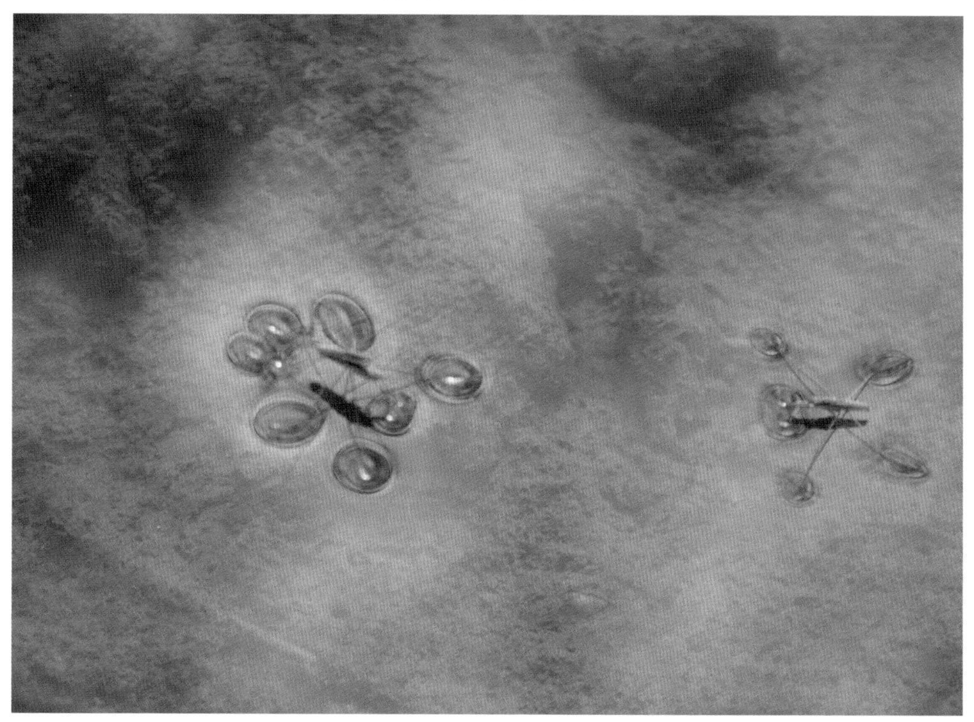

2020 年 7 月 25 日

2020 年 7 月 25 日

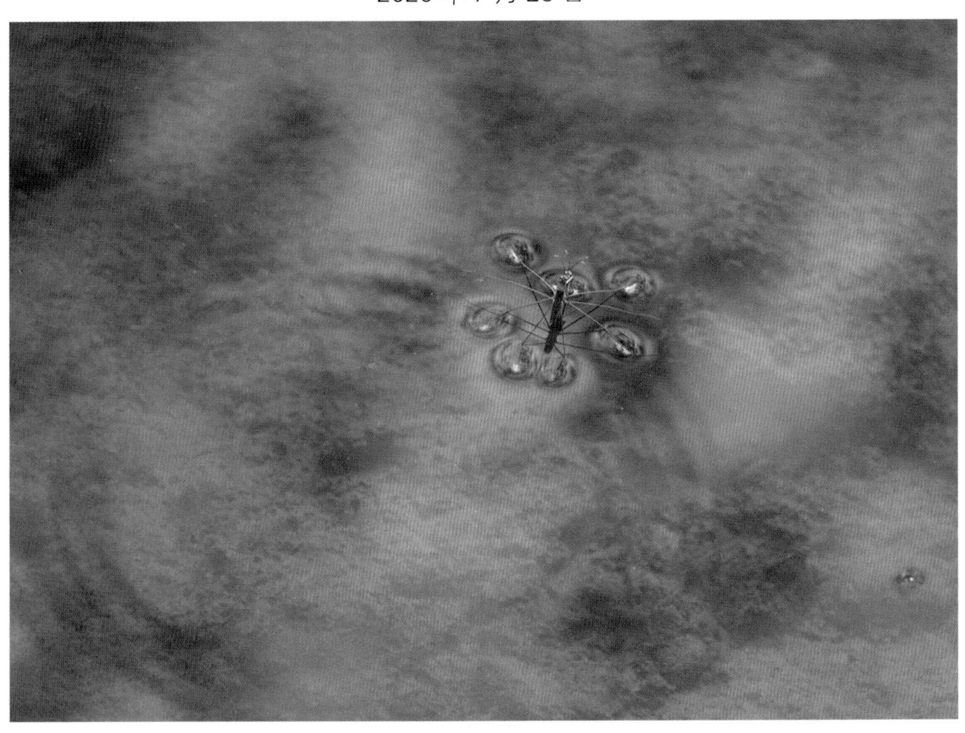

2020 年 7 月 25 日

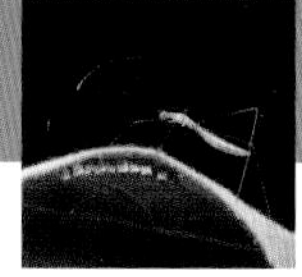

⑩ 锤胁跷蝽 *Yemma exilis* Horváth

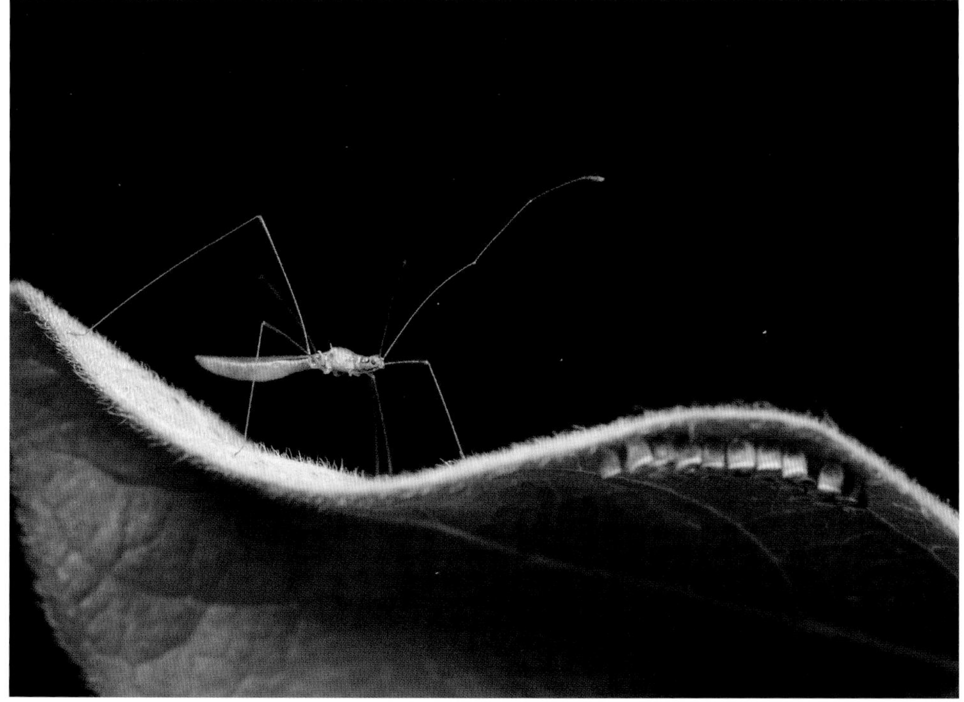

2020 年 7 月 18 日，金银花

2020 年 7 月 18 日，金银花

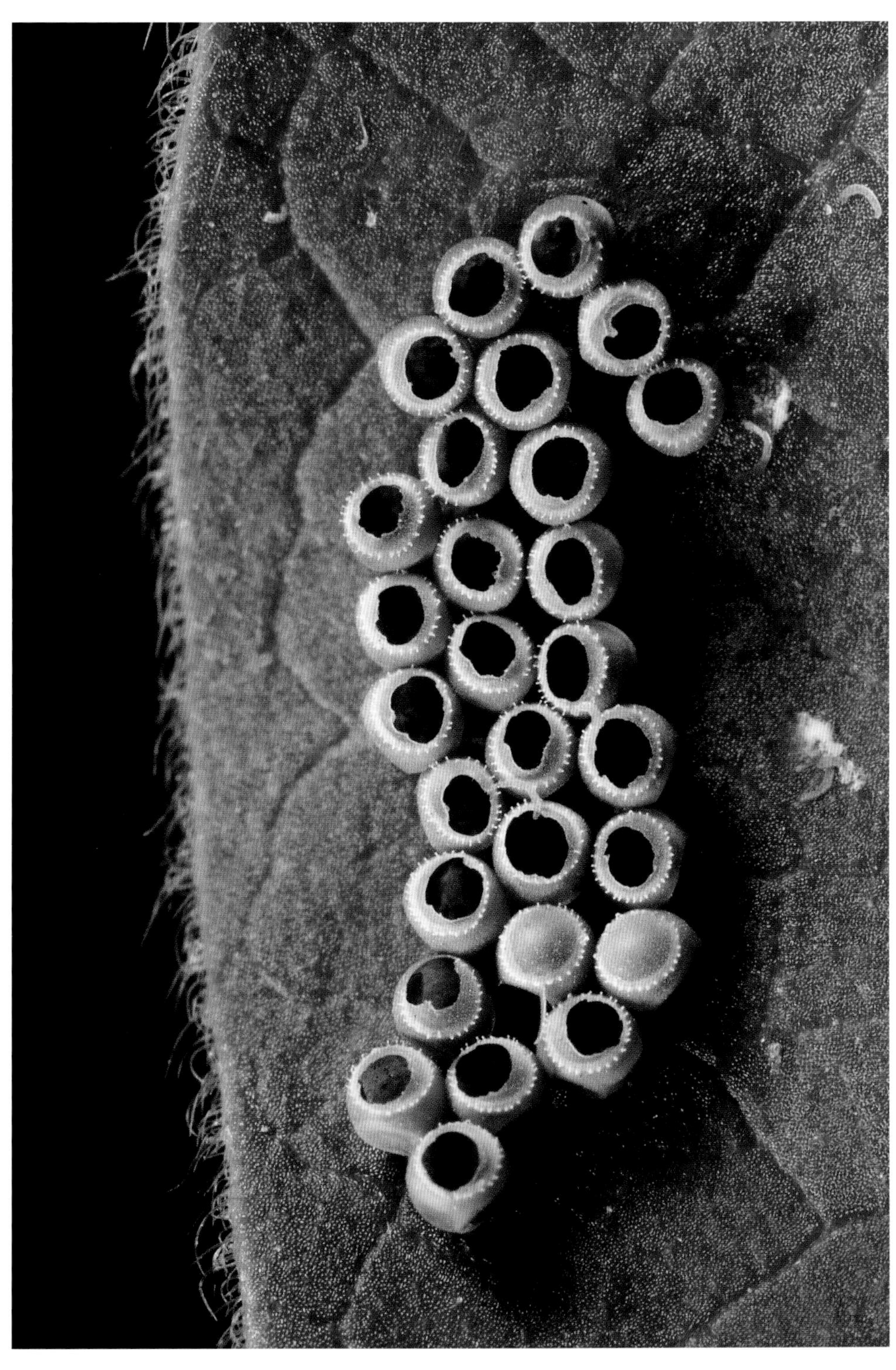

2020 年 7 月 18 日，卵，金银花

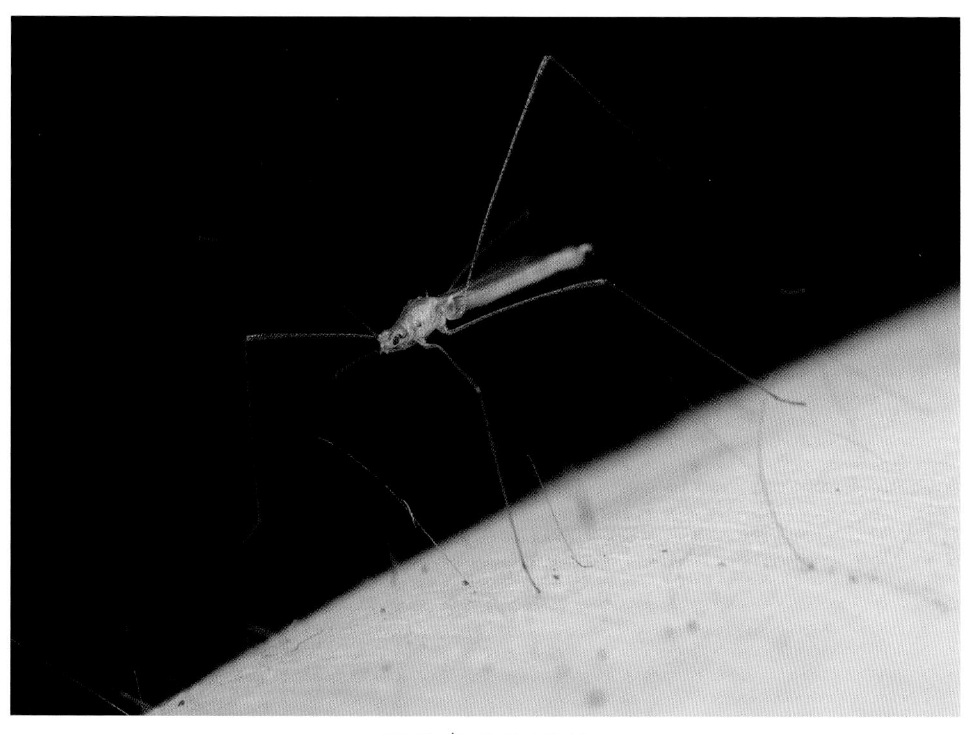

2020 年 7 月 18 日

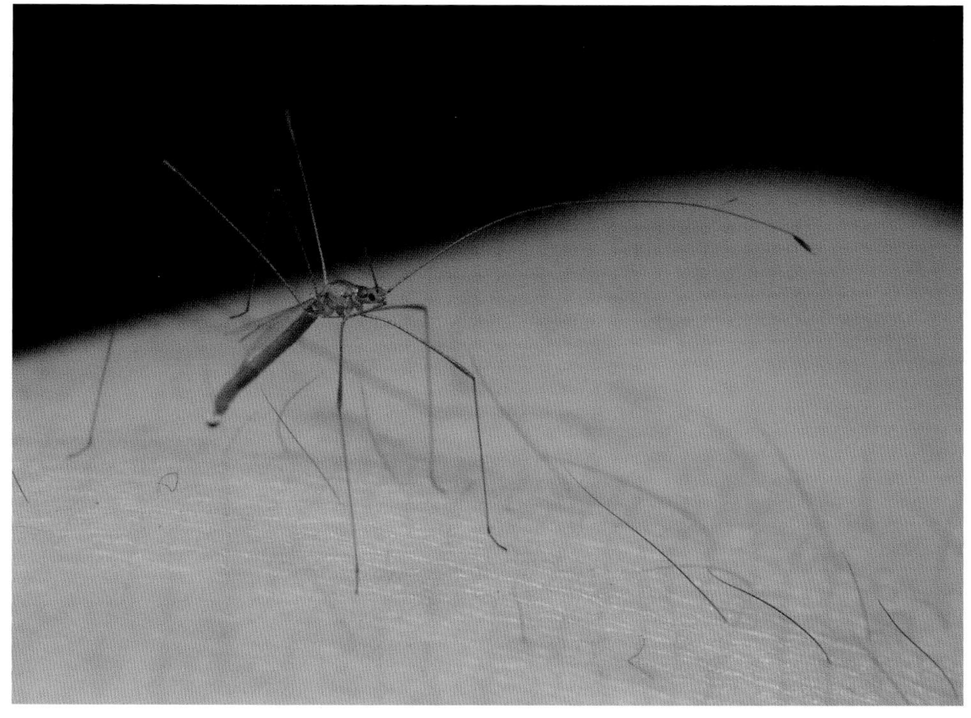

2020 年 7 月 18 日

⑪ 梨冠网蝽 *Stephanitis nashi* Esaki & Takeya

2020 年 8 月 15 日

2020 年 8 月 15 日

2020 年 8 月 15 日

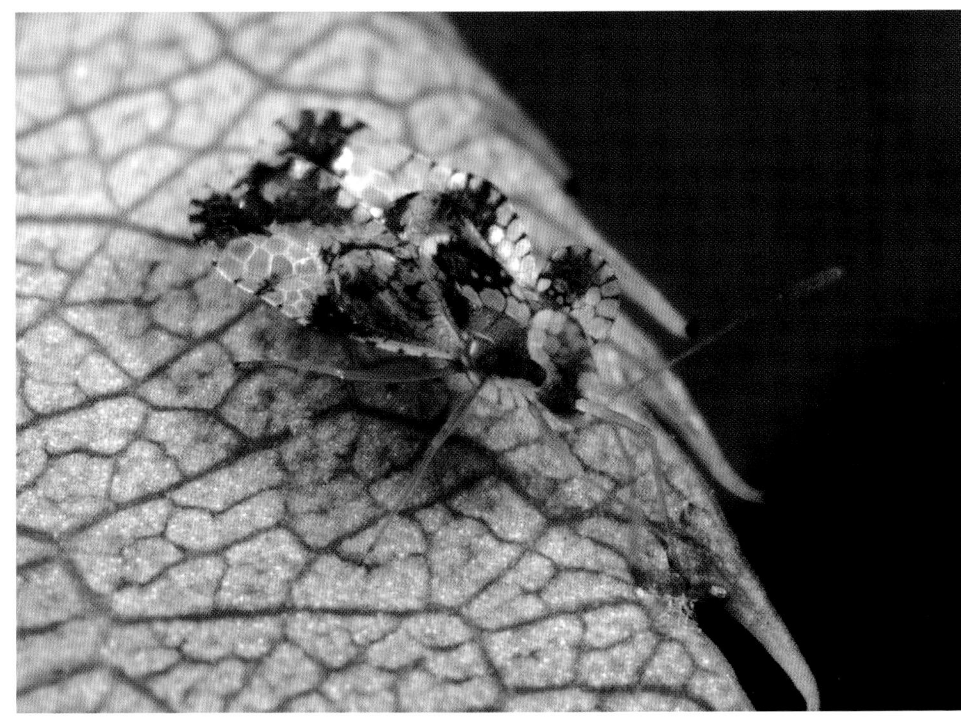

2020 年 8 月 15 日

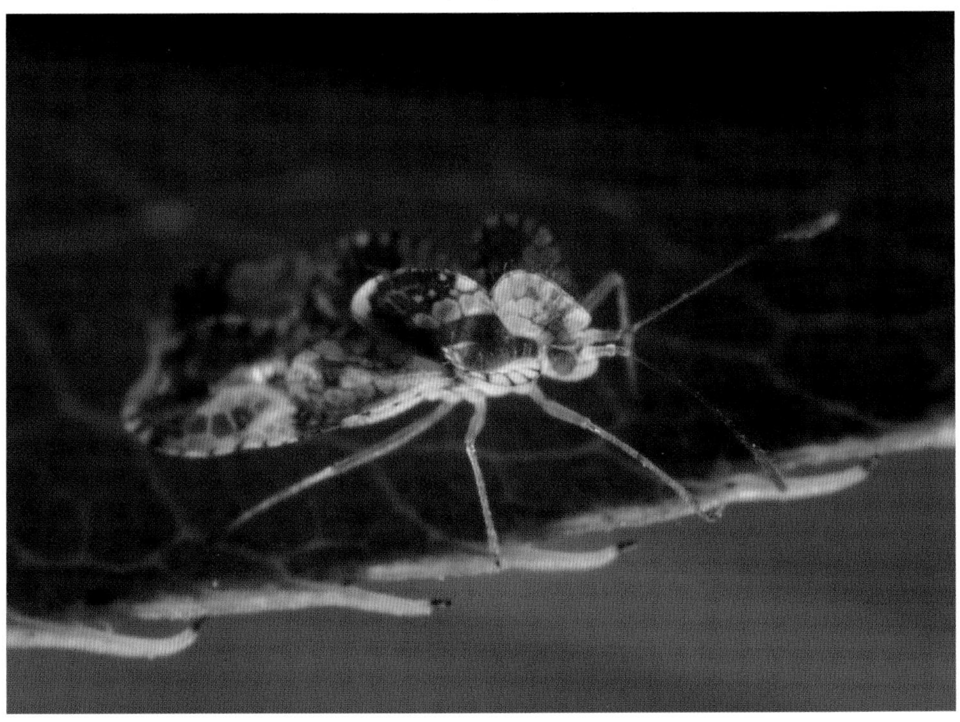

2020 年 8 月 15 日

⑫ 红脊长蝽 *Tropidothorax elegans* (Distant)

2019 年 10 月 19 日，萝藦

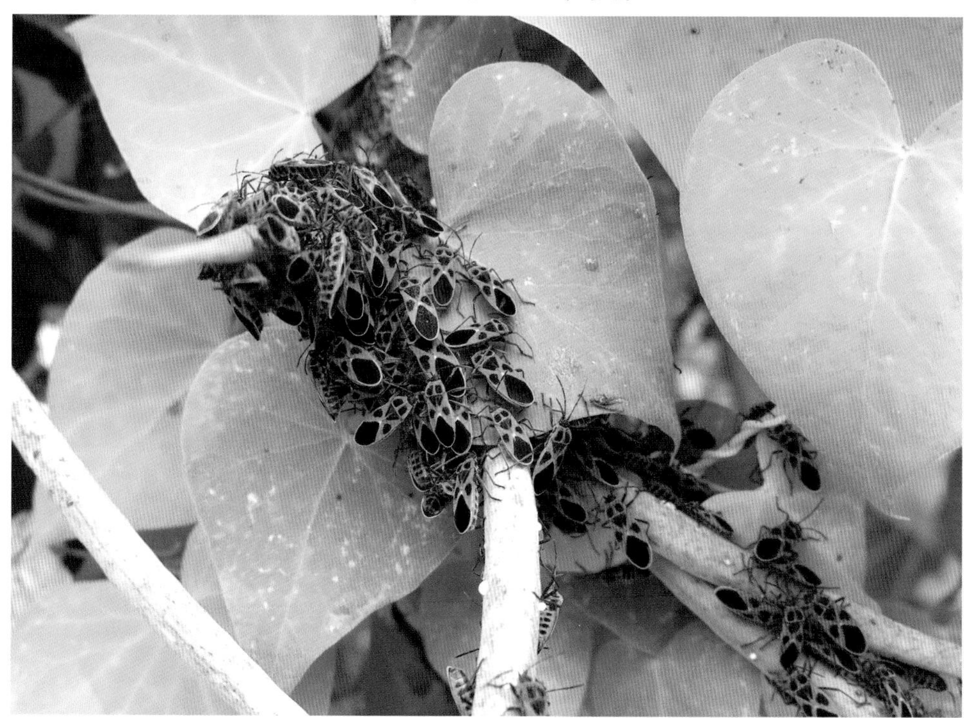

2017 年 10 月 28 日，萝藦

2017 年 10 月 28 日，萝藦

2017 年 9 月 30 日，萝藦

2017 年 7 月 29 日，萝藦

2017 年 7 月 29 日，萝藦

昆虫

半翅目 >

鳞翅目

脉翅目

膜翅目

鞘翅目

蜻蜓目

双翅目

螳螂目

直翅目

蜘蛛

2017 年 9 月 30 日，萝藦

2017 年 10 月 6 日，萝藦

2017 年 10 月 6 日，萝藦

2017 年 10 月 6 日，萝藦

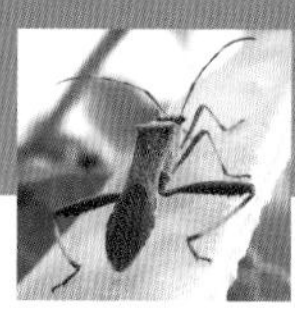

⑬ 点蜂缘蝽 *Riptortus pedestris* (Fabricius)

2017 年 10 月 1 日

2017 年 10 月 28 日

2021 年 10 月 2 日

2021 年 10 月 2 日

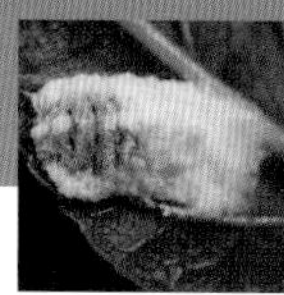

⑭ 白蜡绵粉蚧 *Phenacoccus fraxinus* Tang

2021 年 5 月 1 日，白蜡

2021 年 5 月 1 日，白蜡

2021 年 5 月 1 日，白蜡

2021 年 5 月 1 日，白蜡

2021 年 5 月 1 日，白蜡

2021 年 5 月 1 日，白蜡

2021 年 5 月 1 日，白蜡

2021 年 5 月 1 日，白蜡

2021 年 5 月 1 日，白蜡

2021 年 5 月 1 日，白蜡

2021 年 5 月 1 日，白蜡

2021 年 5 月 1 日，白蜡

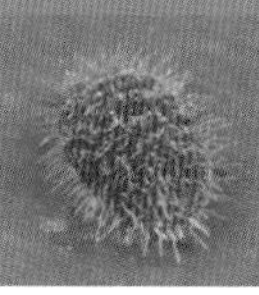

⑮ 柿白毡蚧 *Eriococcus kaki* Kuwana

2020 年 8 月 2 日，柿子

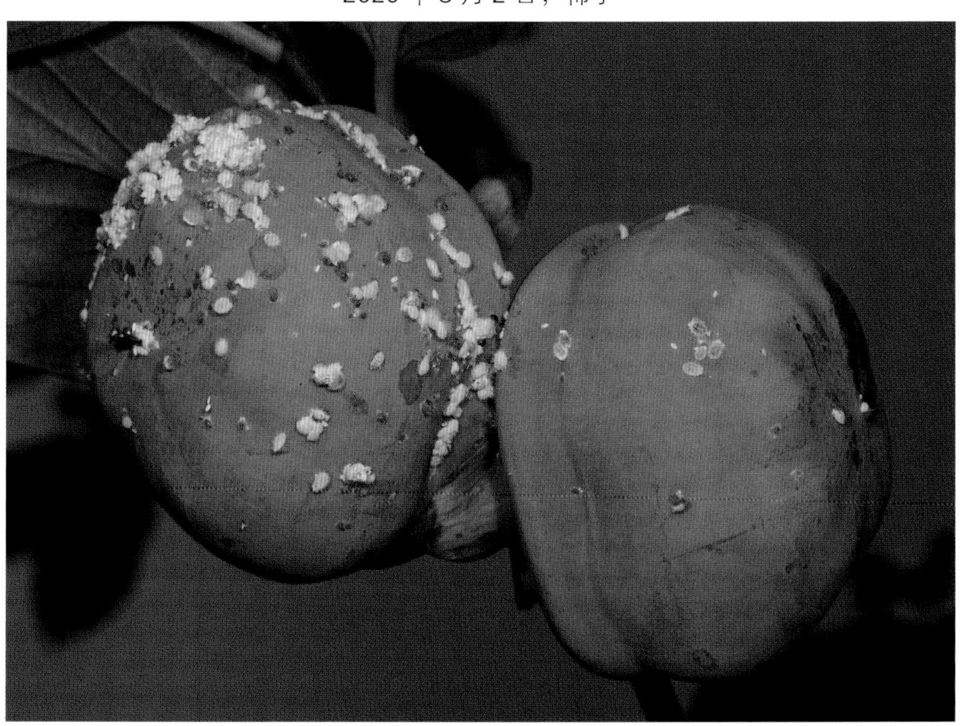

2020 年 8 月 2 日，柿子

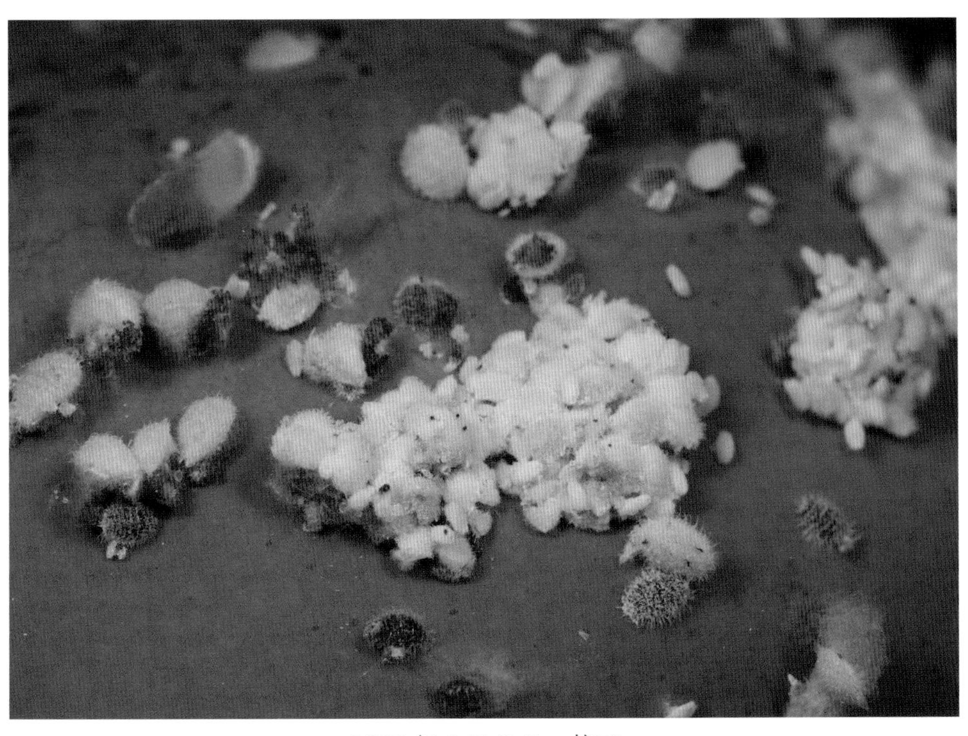

2020 年 8 月 2 日，柿子

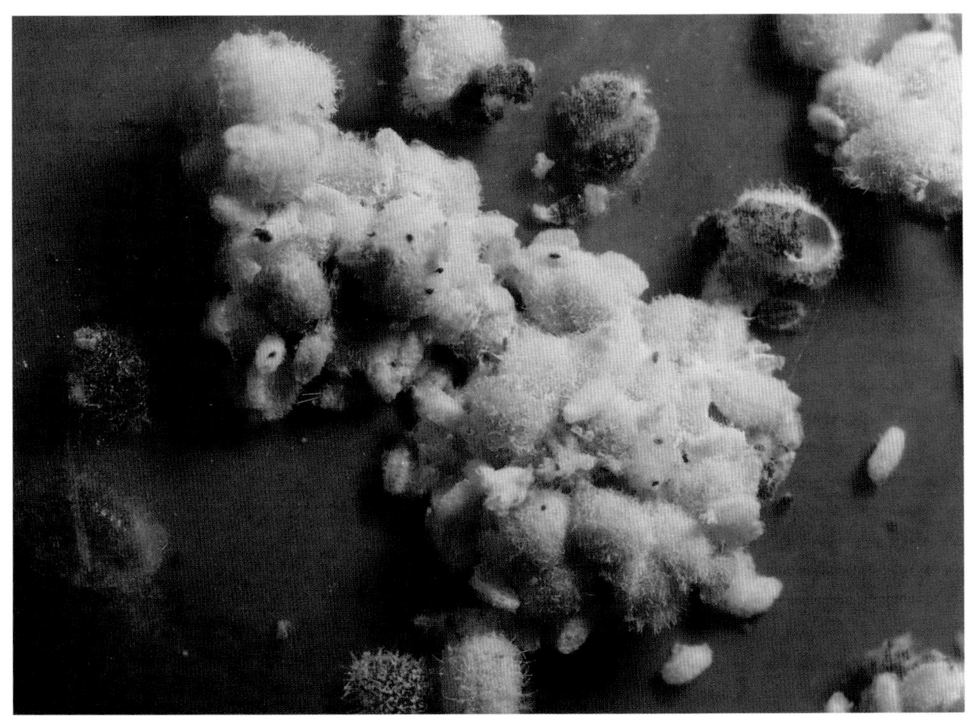

2020 年 8 月 2 日，柿子

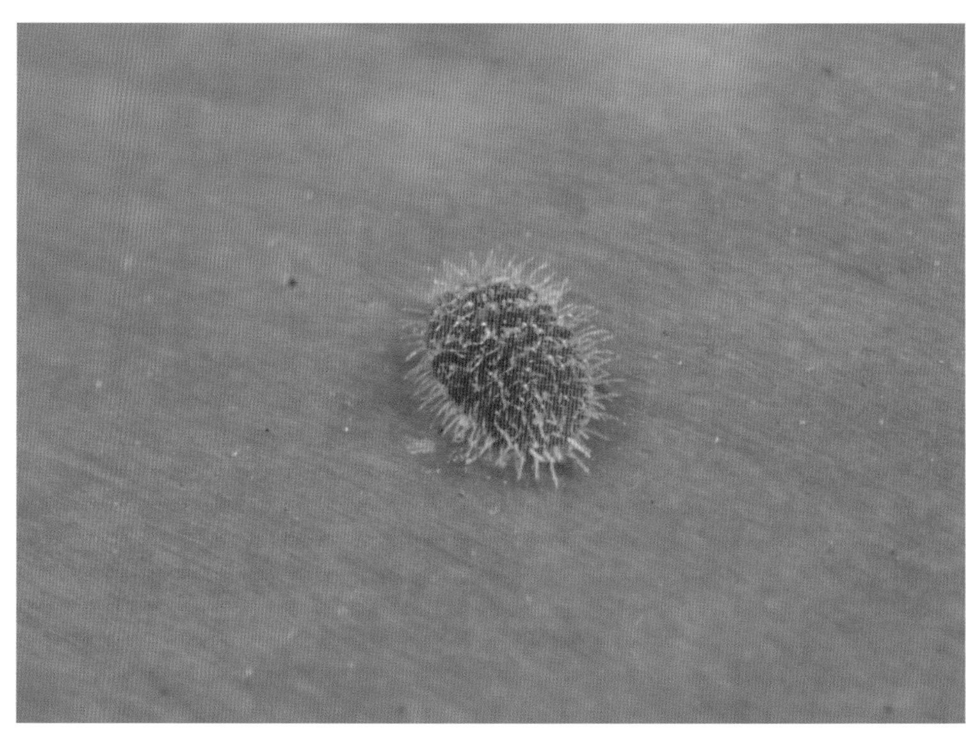

2020 年 8 月 2 日，若虫，柿子

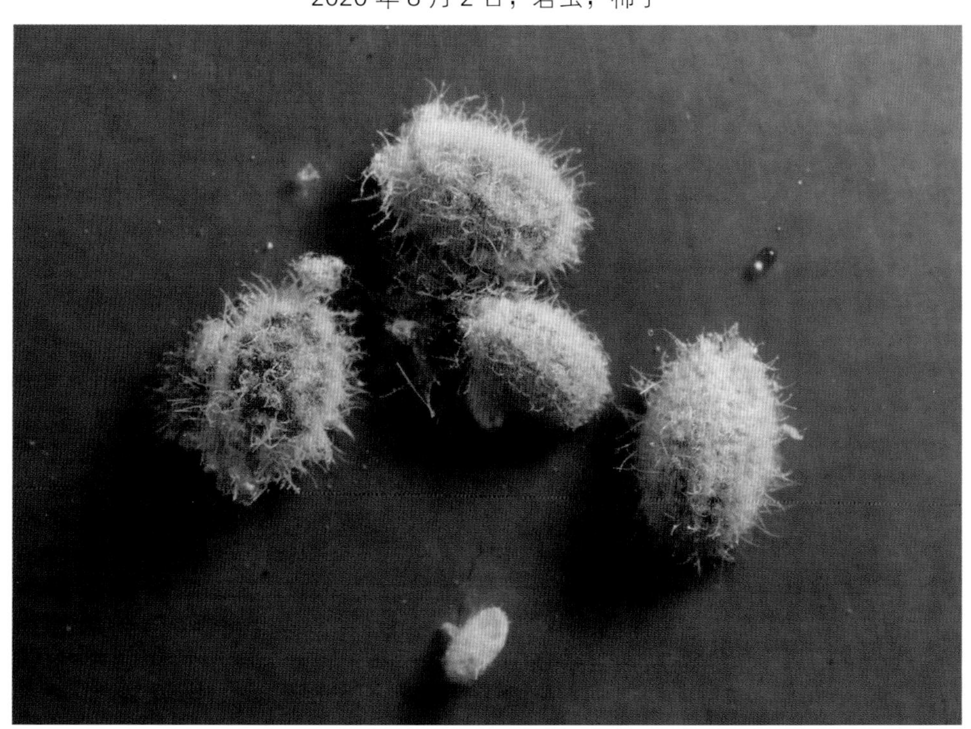

2020 年 8 月 2 日，雌成虫，柿子

2020 年 8 月 2 日，雌成虫，柿子

2020 年 8 月 2 日，雌成虫和卵，柿子

昆虫

半翅目 >

鳞翅目

脉翅目

膜翅目

鞘翅目

蜻蜓目

双翅目

螳螂目

直翅目

蜘蛛

2020 年 8 月 2 日，雌成虫和卵，柿子

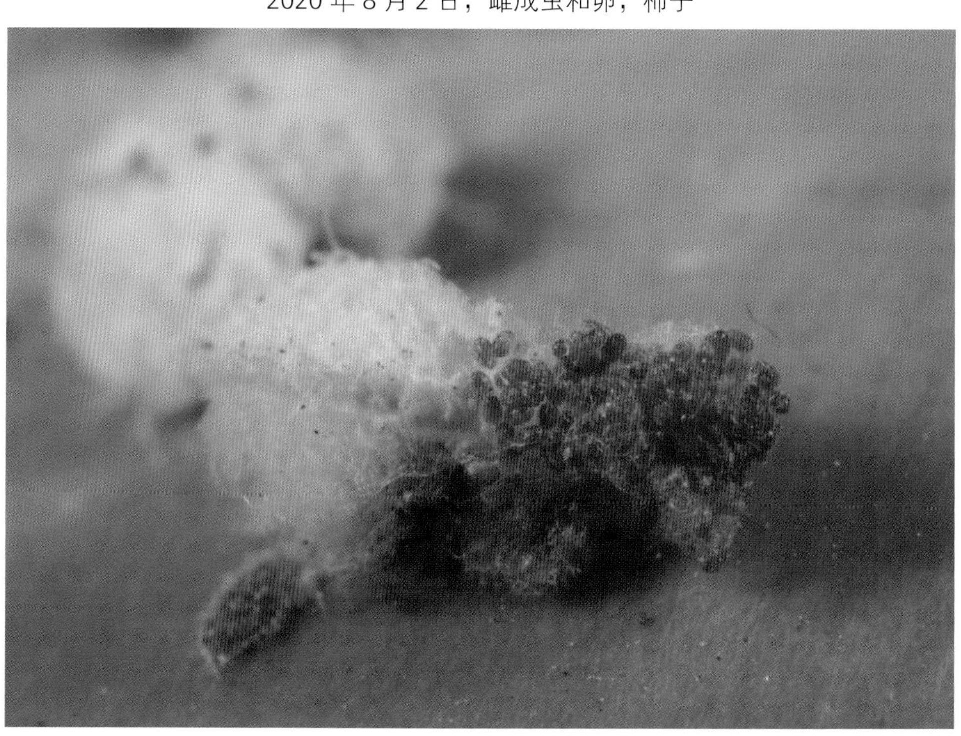

2020 年 8 月 2 日，卵，柿子

⑯ 朝鲜球坚蚧 *Didesmococcus koreanus* Borchsenius

2015 年 5 月 9 日，桃树，下方 2 个小圆球（其上为黑缘红瓢虫蛹）

2015 年 5 月 9 日，桃树，左下方 2 个小圆球（其上为黑缘红瓢虫蛹）

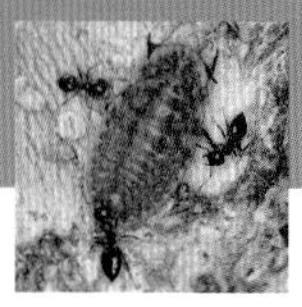

⑰ 草履蚧 *Drosicha corpulenta* (Kuwana)

昆虫

半翅目 >

鳞翅目

脉翅目

膜翅目

鞘翅目

蜻蜓目

双翅目

螳螂目

直翅目

蜘蛛

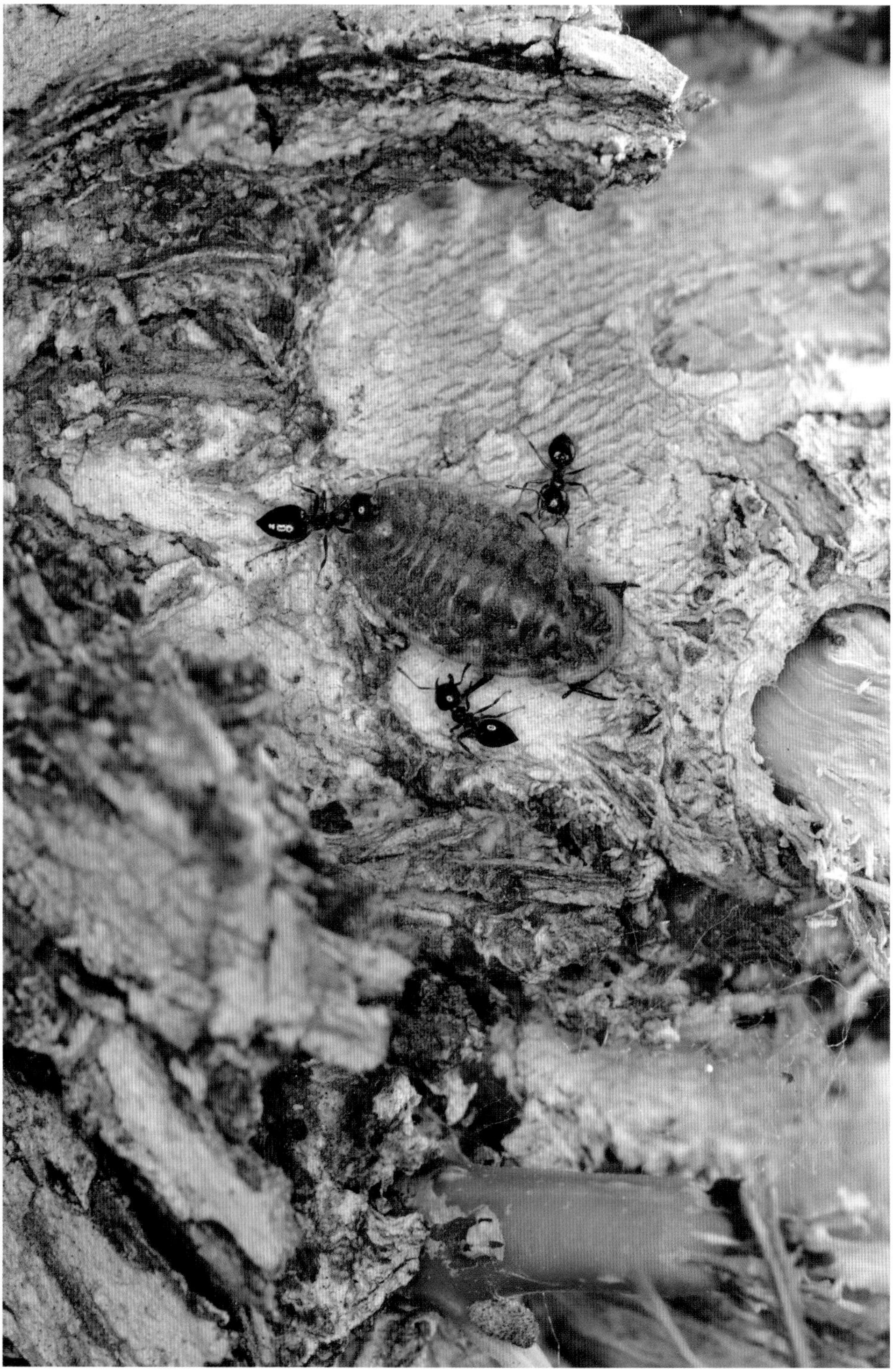

2014 年 3 月 8 日，雌成虫，杨树，蚂蚁为上海举腹蚁

⑱ 烟粉虱 *Bemisia tabaci* (Gennadius)

2020 年 8 月 15 日，茄子

2020 年 8 月 15 日，茄子

2020 年 8 月 15 日，茄子

2020 年 8 月 15 日，茄子

⑲ 温室白粉虱 *Trialeurodes vaporariorum* (Westwood)

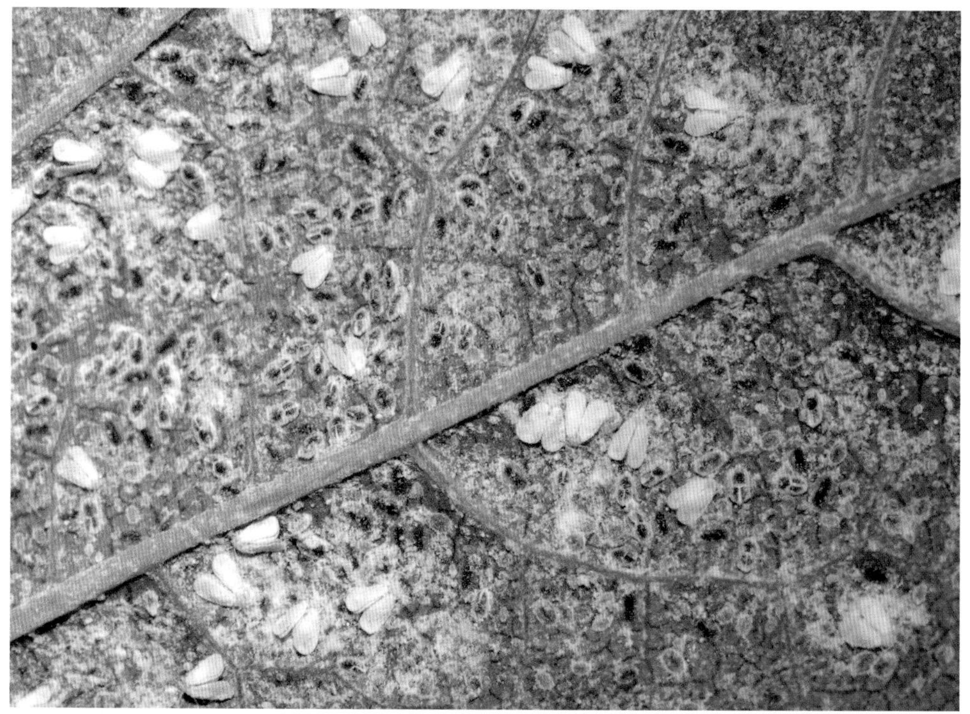

2014 年 4 月 6 日

2014 年 4 月 6 日

⑳ 梧桐裂木虱 *Carsidara limbata* (Enderlein)

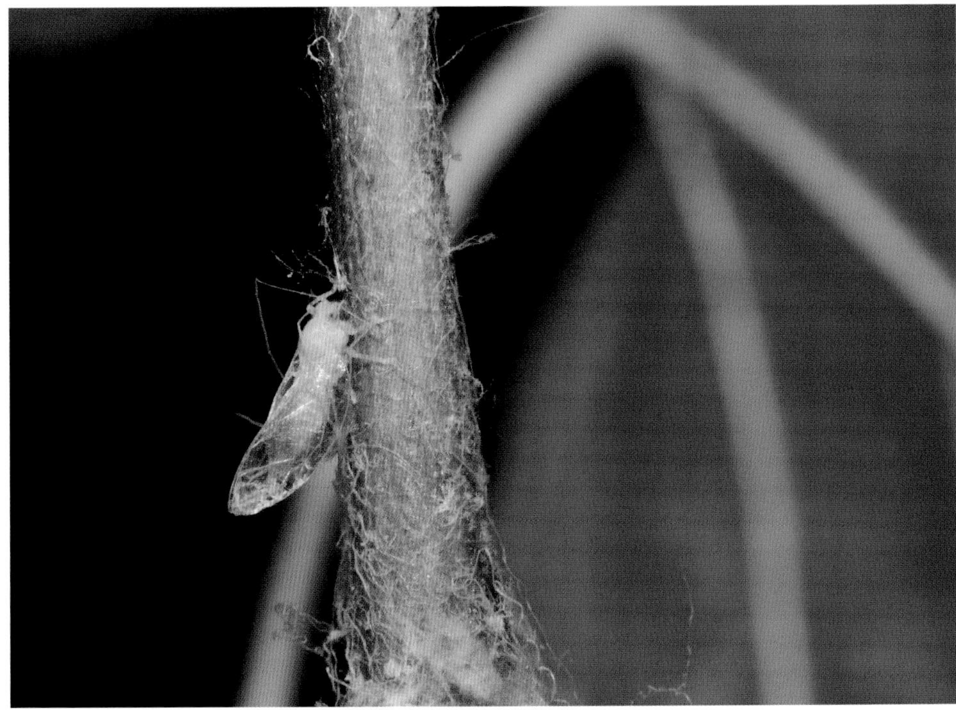

2014 年 3 月 17 日，成虫，梧桐

2014 年 3 月 16 日，若虫，梧桐

2014 年 3 月 16 日，若虫，梧桐

2014 年 3 月 11 日，若虫，梧桐

㉑ 豆蚜 *Aphis craccivora* Koch

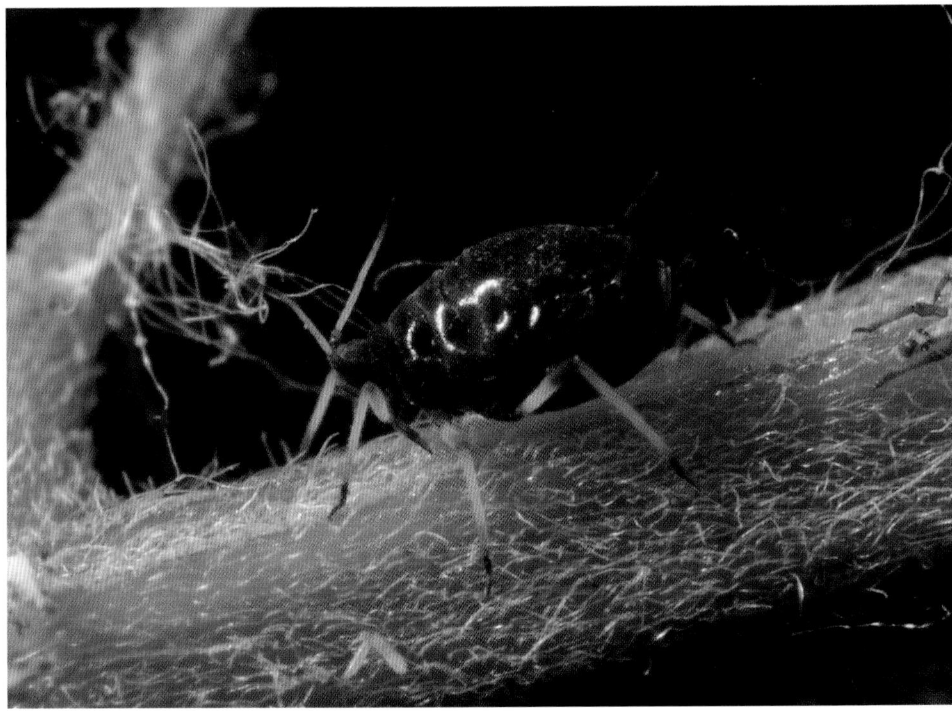

2019 年 5 月 2 日，刺槐

2019 年 5 月 2 日，刺槐

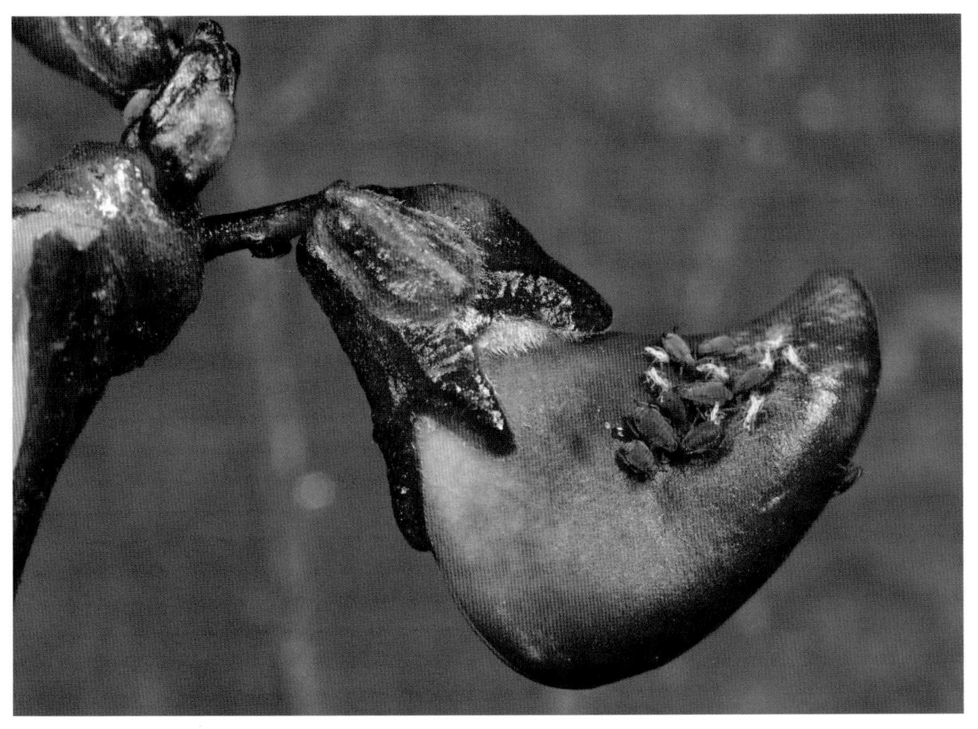

2021 年 10 月 17 日，紫豆角

2021 年 10 月 17 日，紫豆角

2021 年 10 月 17 日，紫豆角

2021 年 10 月 17 日，紫豆角

2021 年 10 月 17 日，紫豆角

2021 年 10 月 17 日，紫豆角

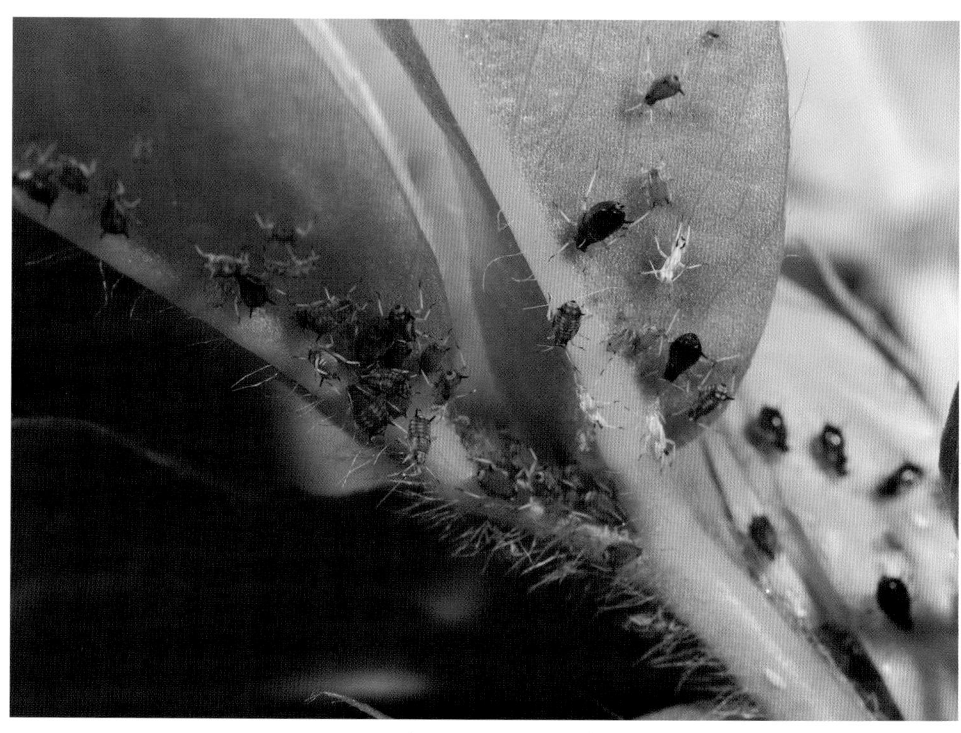

2021 年 7 月 17 日，花生

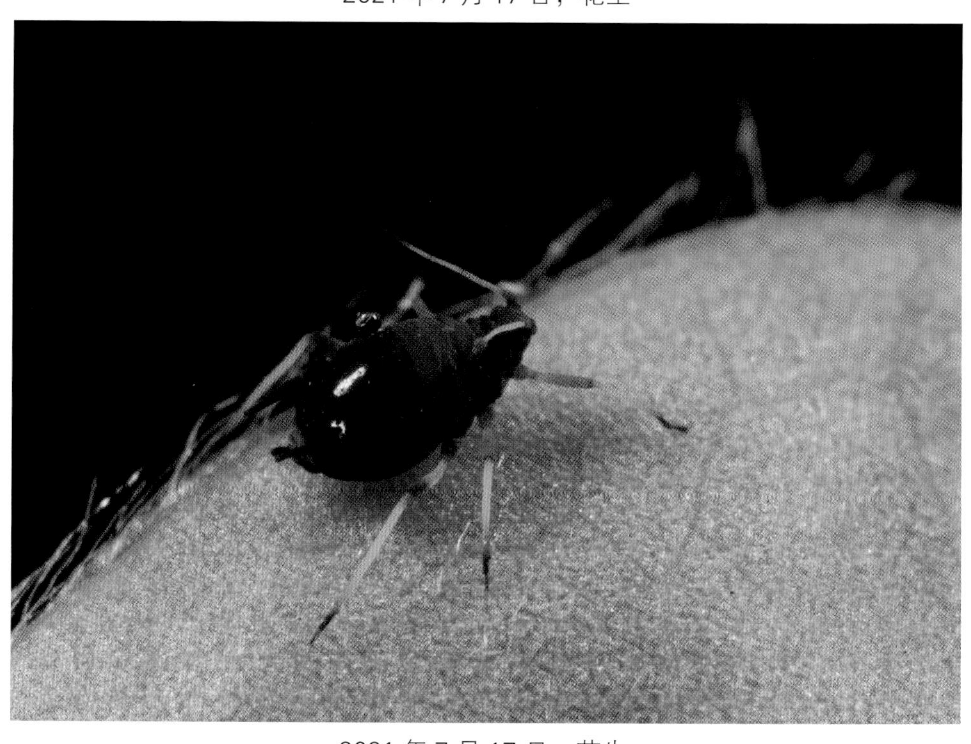

2021 年 7 月 17 日，花生

2021 年 7 月 17 日，花生

2021 年 7 月 17 日，花生

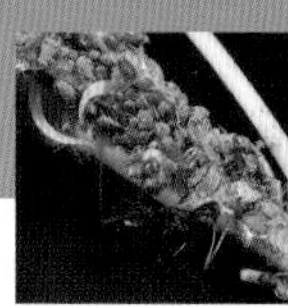

㉒ 金雀花蚜 *Aphis cytisorum* Hartig

2020 年 8 月 15 日，国槐

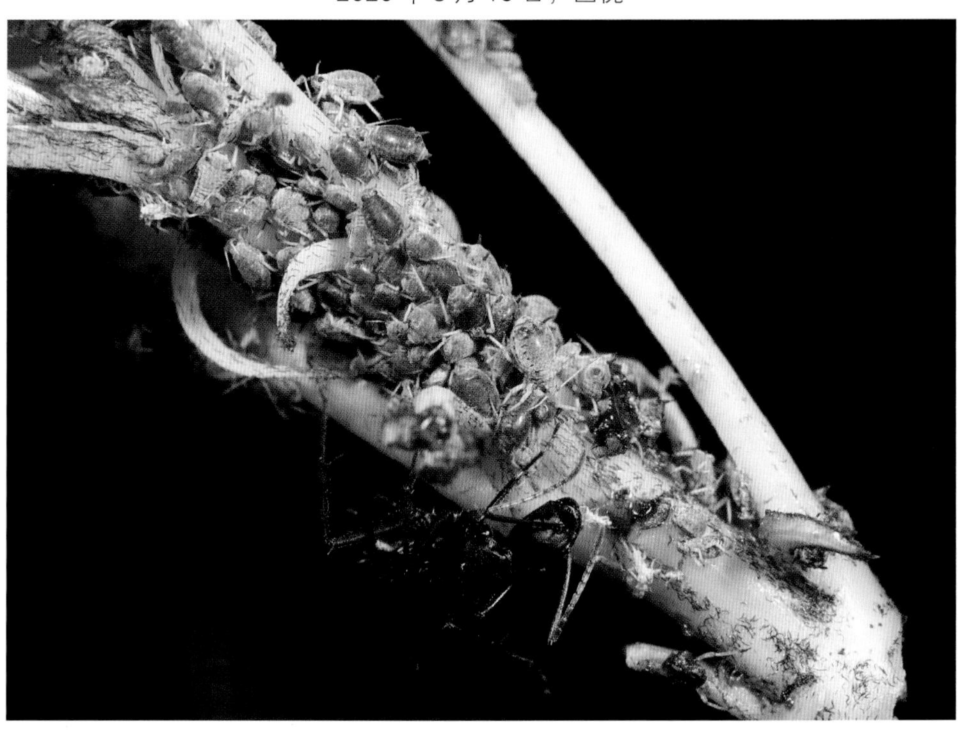

2020 年 8 月 15 日，国槐

㉓ 棉蚜 *Aphis gossypii* Glover

2020 年 10 月 4 日，月季

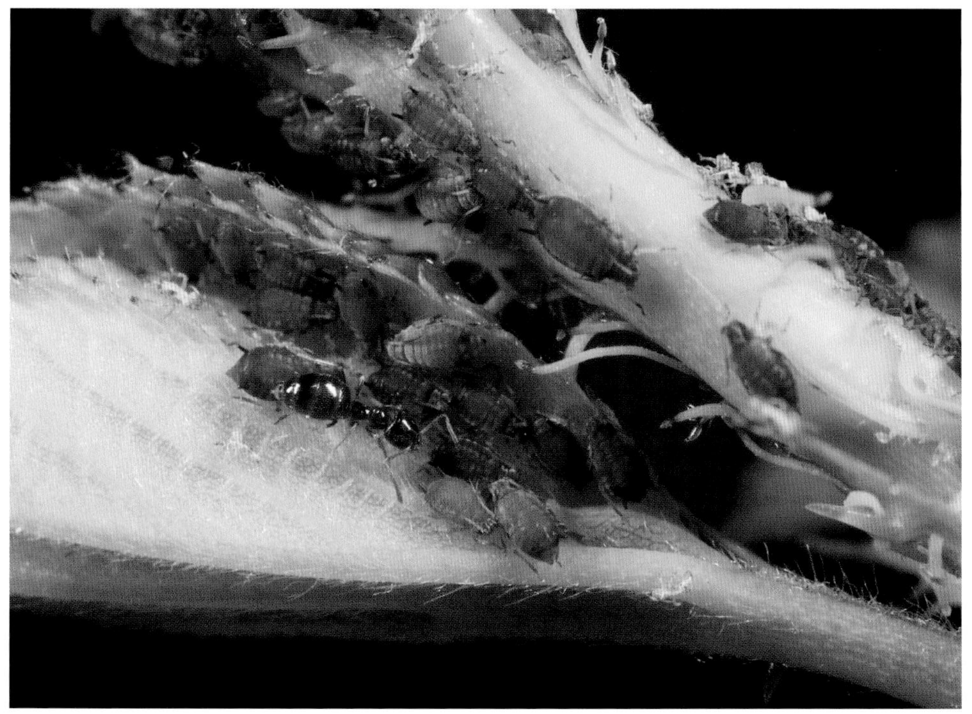

2020 年 10 月 4 日，月季

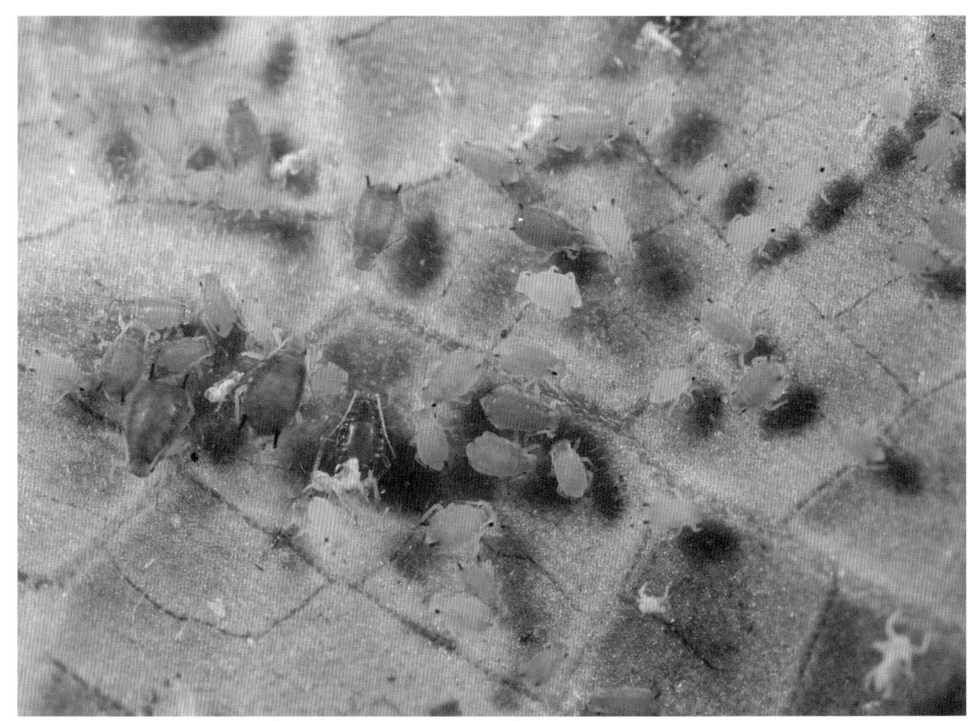

2020 年 8 月 2 日，葫芦

2020 年 8 月 2 日，葫芦

2020 年 8 月 2 日，葫芦

2020 年 8 月 2 日，葫芦

2020 年 9 月 26 日，蒲公英

2020 年 9 月 26 日，蒲公英

2020 年 9 月 26 日，蒲公英

2020 年 9 月 26 日，蒲公英

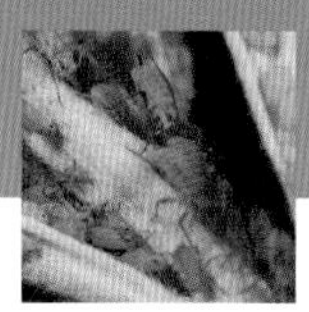

㉔ 艾蚜 *Aphis kurosawai* Takahashi

2020 年 8 月 15 日，艾蒿

2020 年 8 月 15 日，艾蒿

㉕ 夹竹桃蚜 *Aphis nerii* Boyer de Fonscolombe

2020 年 7 月 11 日，萝藦

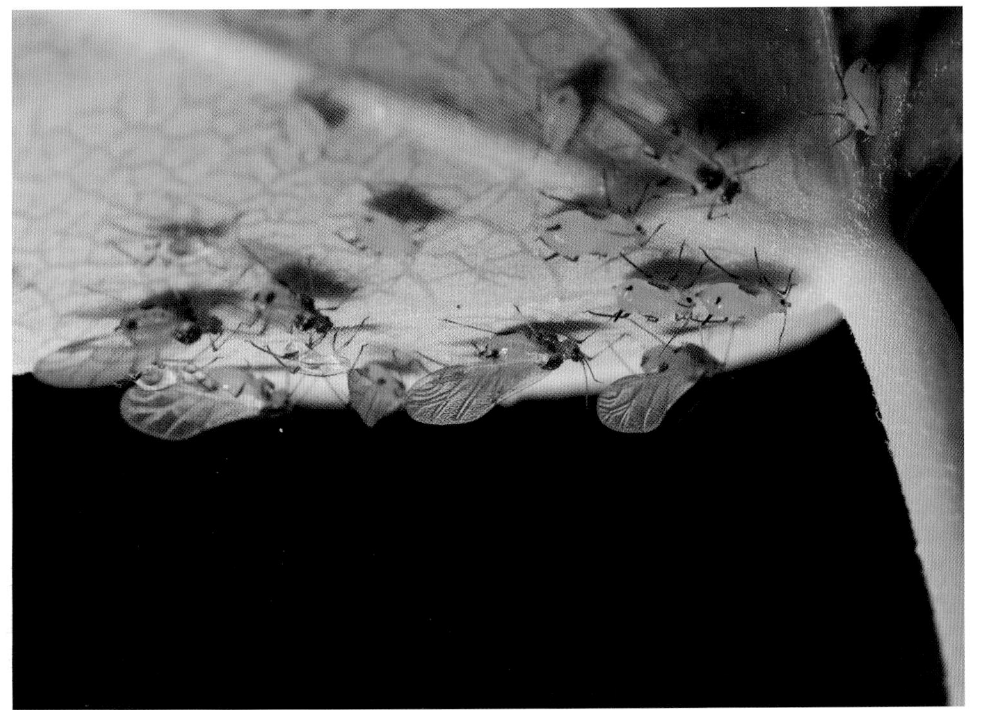

2020 年 7 月 11 日，萝藦

2020 年 7 月 11 日，萝藦

2020 年 7 月 11 日，萝藦

2020 年 7 月 11 日，萝藦

㉖ 绣线菊蚜 *Aphis spraecola* Patch

2021 年 7 月 4 日，苹果

2021 年 7 月 4 日，苹果

2021 年 7 月 4 日，苹果

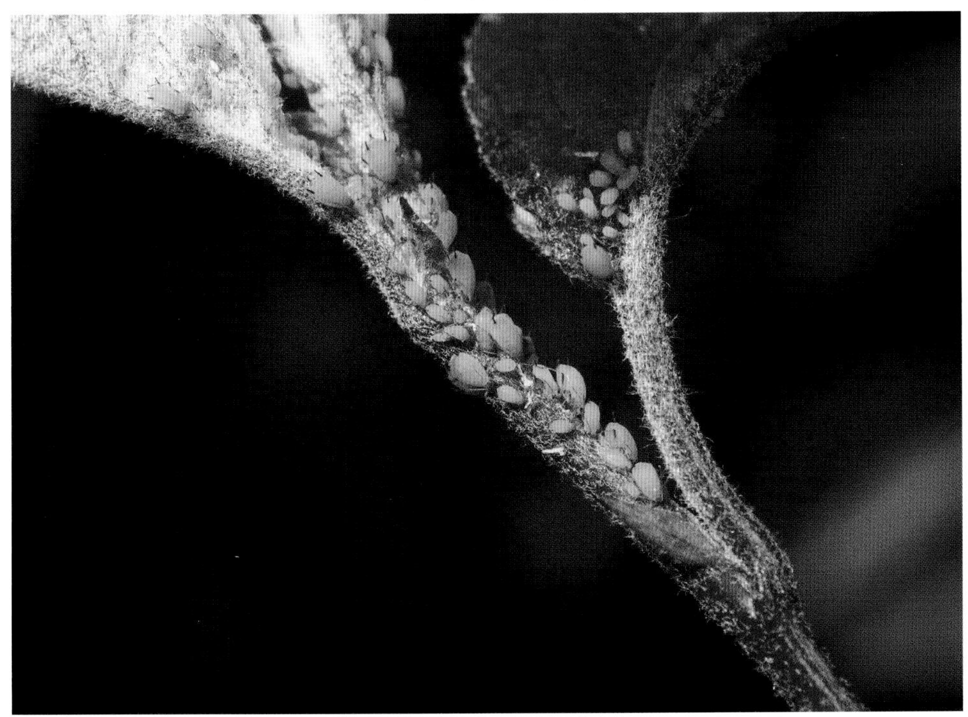

2021 年 4 月 18 日，琥珀海棠

2021 年 4 月 18 日，琥珀海棠

2021 年 4 月 18 日，琥珀海棠

2021 年 4 月 18 日，琥珀海棠

2021 年 4 月 18 日，琥珀海棠

2021 年 4 月 18 日，琥珀海棠

2021 年 5 月 22 日，海棠

2021 年 5 月 22 日，海棠

2021 年 5 月 22 日，海棠，蚂蚁为辅道蚁

2021 年 5 月 22 日，海棠，蚂蚁为铺道蚁

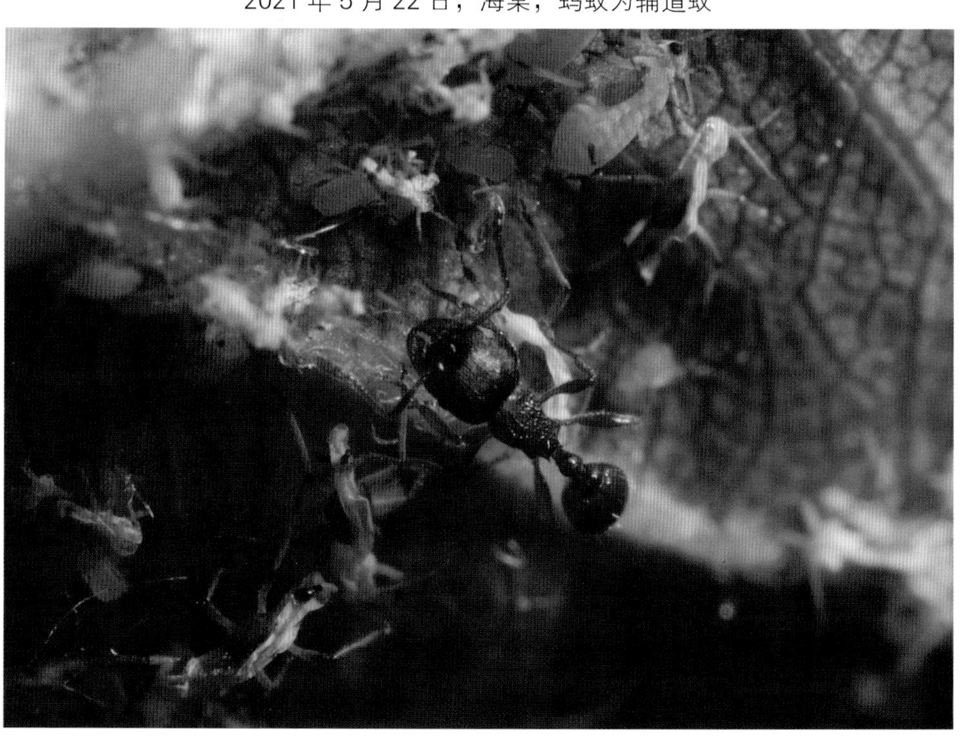

2021 年 5 月 22 日，海棠，蚂蚁为铺道蚁

㉗ 桃粉大尾蚜 *Hyalopterus arundiniformis* Ghulamullah

2018 年 10 月 28 日，杏树

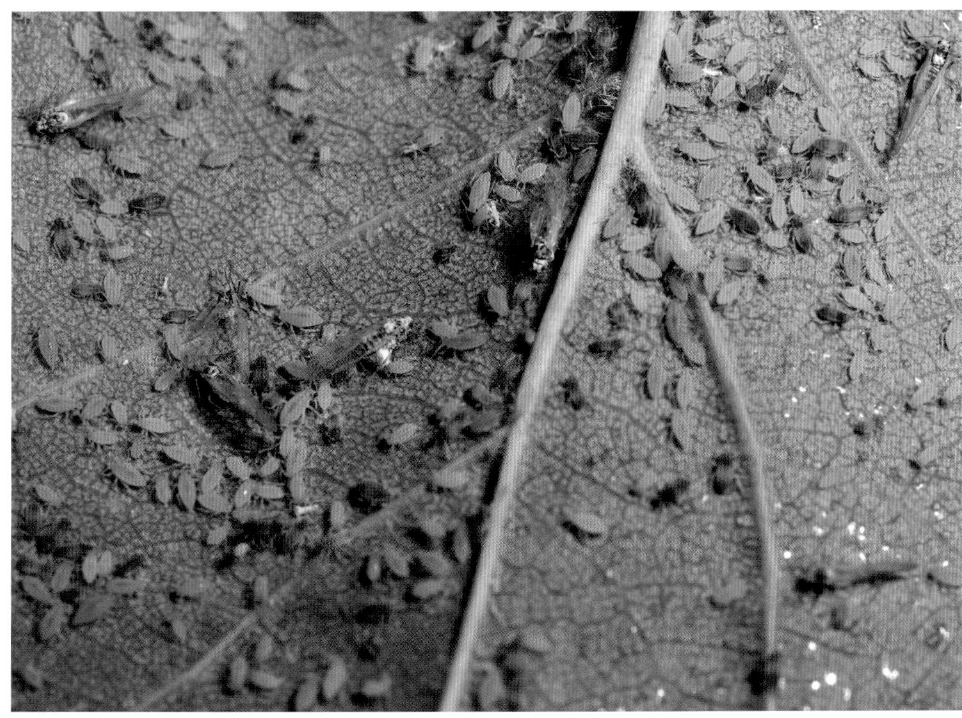

2018 年 10 月 29 日，杏树

2018 年 10 月 28 日，杏树

2018 年 10 月 28 日，杏树

2018 年 10 月 28 日，杏树

2018 年 10 月 28 日，杏树

2018 年 10 月 29 日，杏树

2017 年 10 月 30 日，杏树

2017 年 10 月 30 日，杏树

2017 年 10 月 30 日，杏树

2018 年 10 月 29 日，杏树

2018 年 10 月 29 日，杏树

2018 年 10 月 29 日，杏树

2018 年 10 月 29 日，杏树

2019 年 3 月 24 日，杏树

2019 年 3 月 24 日，杏树

2021 年 3 月 20 日，杏树

2021 年 3 月 20 日，杏树

2021 年 3 月 20 日，杏树

2019 年 3 月 24 日，杏树

㉘ 刺菜超瘤蚜 *Hyperomyzus sinilactucae* Zhang

2019 年 9 月 22 日，苦苣菜

2019 年 9 月 22 日，苦苣菜

2019 年 9 月 22 日，苦苣菜

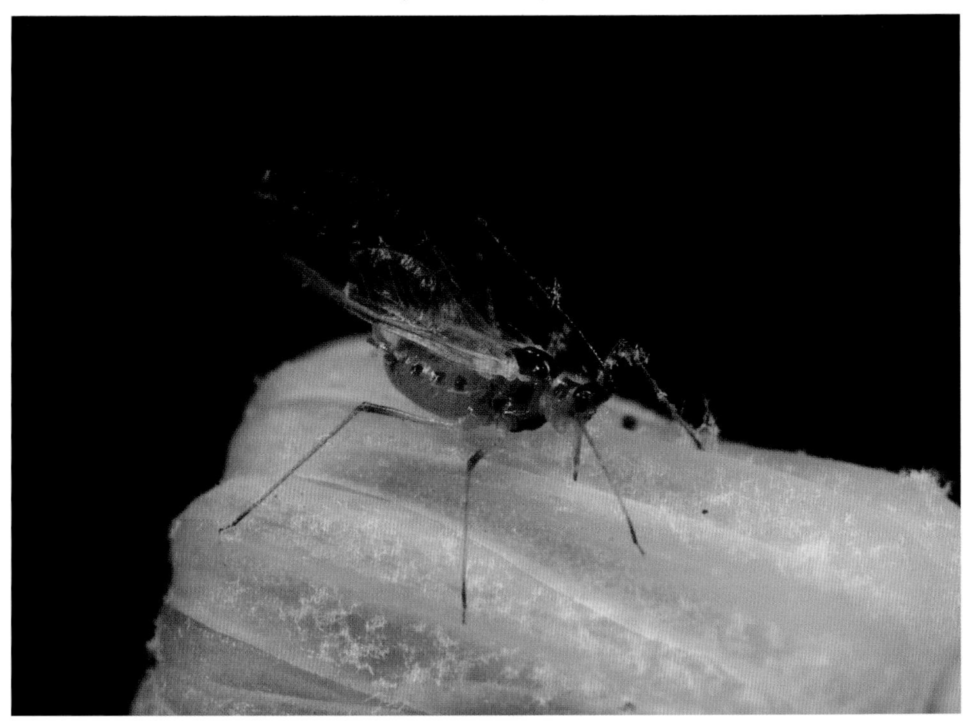

2019 年 9 月 22 日，苦苣菜

㉙ 菊小长管蚜 *Macrosiphoniella sanborni* (Gillette)

2019 年 9 月 22 日，菊花

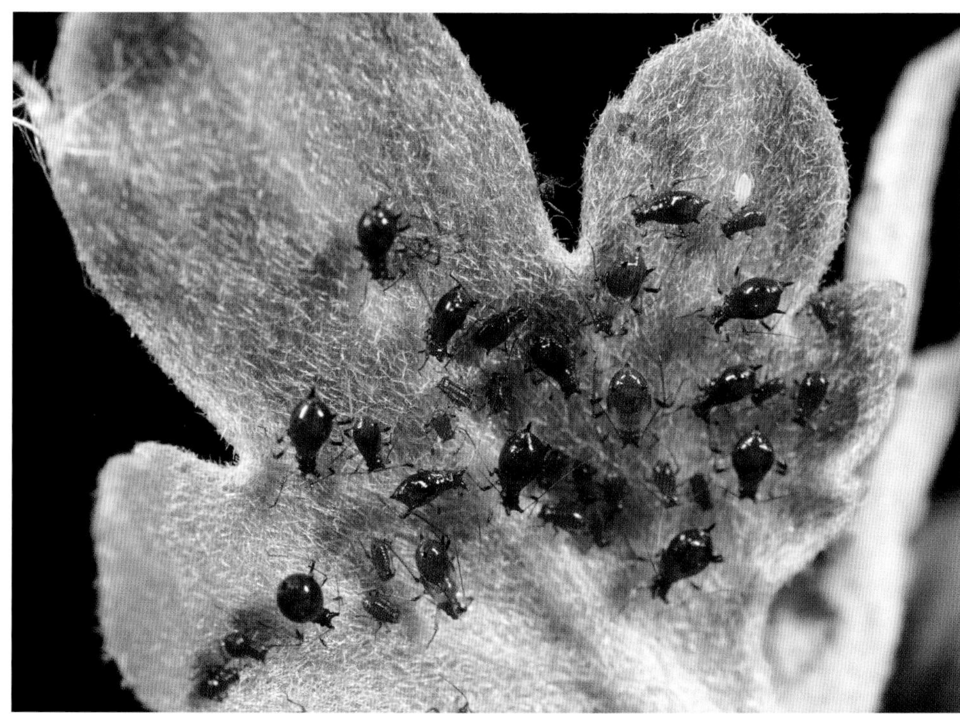

2019 年 9 月 22 日，菊花

2019 年 9 月 22 日，菊花

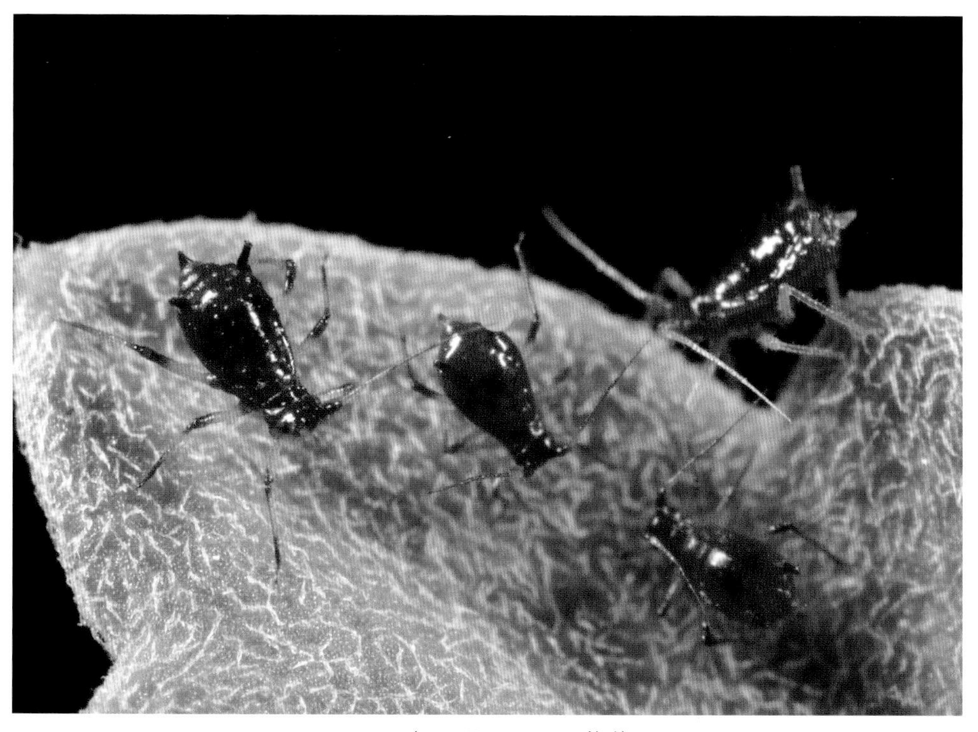

2019 年 9 月 22 日，菊花

2019 年 9 月 22 日，菊花

2020 年 9 月 12 日，菊花

2020 年 9 月 12 日，菊花

㉚ 月季长管蚜 *Macrosiphum rosae* (Linnaeus)

2019 年 10 月 19 日，月季

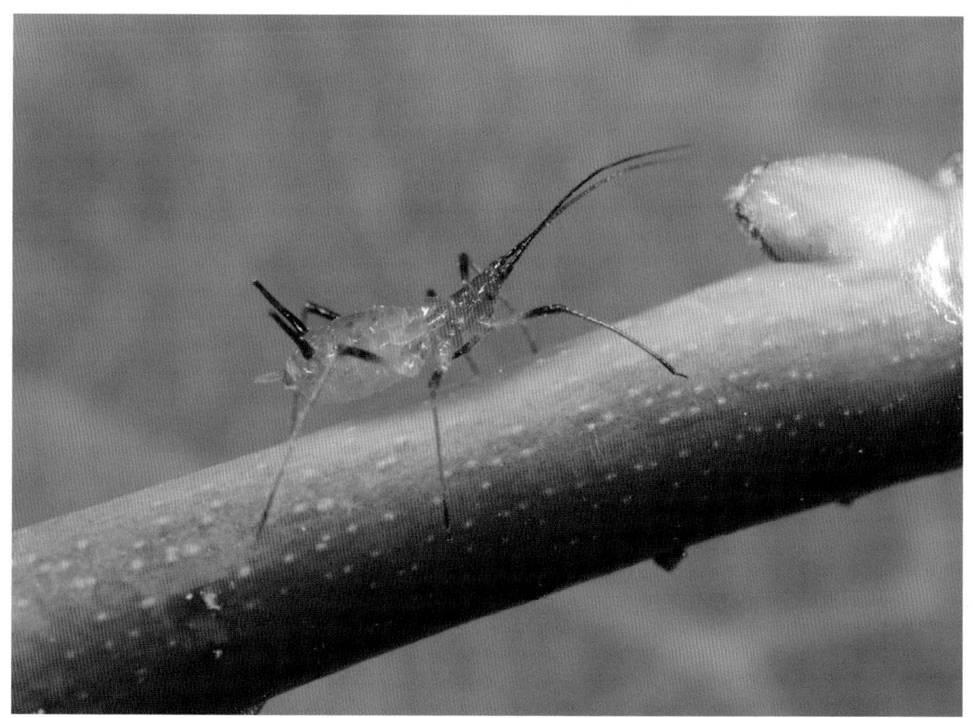

2019 年 10 月 19 日，月季

2019 年 10 月 19 日，月季

2019 年 10 月 19 日，月季

2019 年 10 月 19 日，月季

2019 年 10 月 19 日，月季

2019 年 10 月 19 日，月季

2019 年 10 月 19 日，月季

㉛ 桃蚜 *Myzus persicae* (Sulzer)

2019 年 5 月 2 日，连翘

2019 年 5 月 2 日，连翘

2019 年 5 月 2 日，连翘

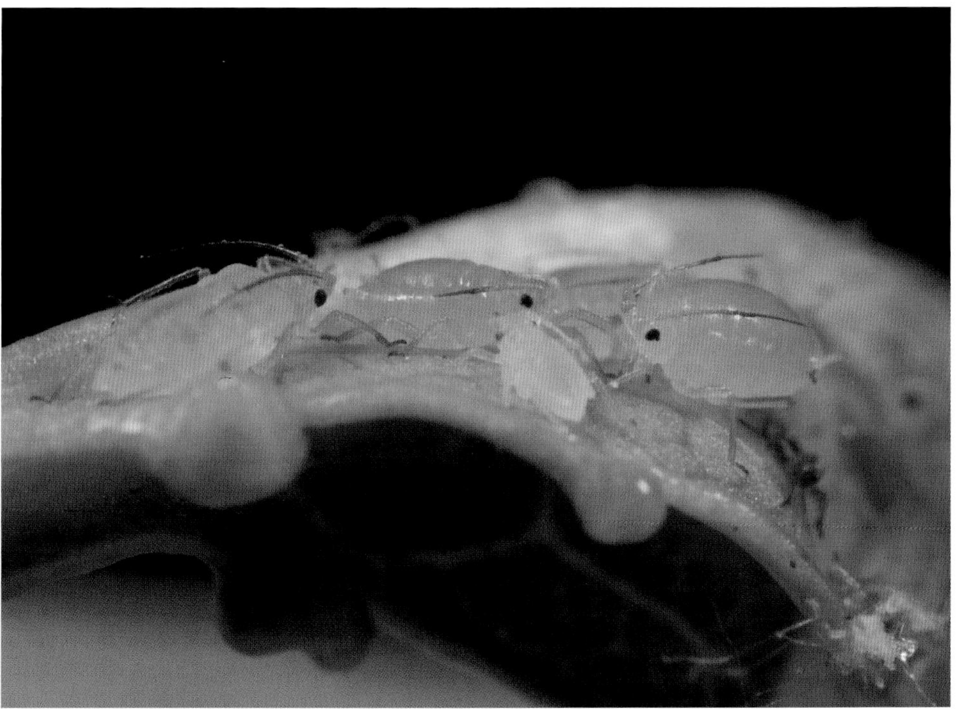

2019 年 5 月 2 日，连翘

2019 年 5 月 2 日，连翘

2019 年 5 月 2 日，连翘

2019 年 5 月 2 日，连翘

2019 年 5 月 2 日，连翘

㉜ 栾多态毛蚜 *Periphyllus koelreuteriae* (Takahashi)

2015 年 5 月 2 日，栾树

2015 年 5 月 2 日，栾树

2015 年 5 月 2 日，栾树

2015 年 5 月 2 日，栾树

2015 年 5 月 2 日，栾树

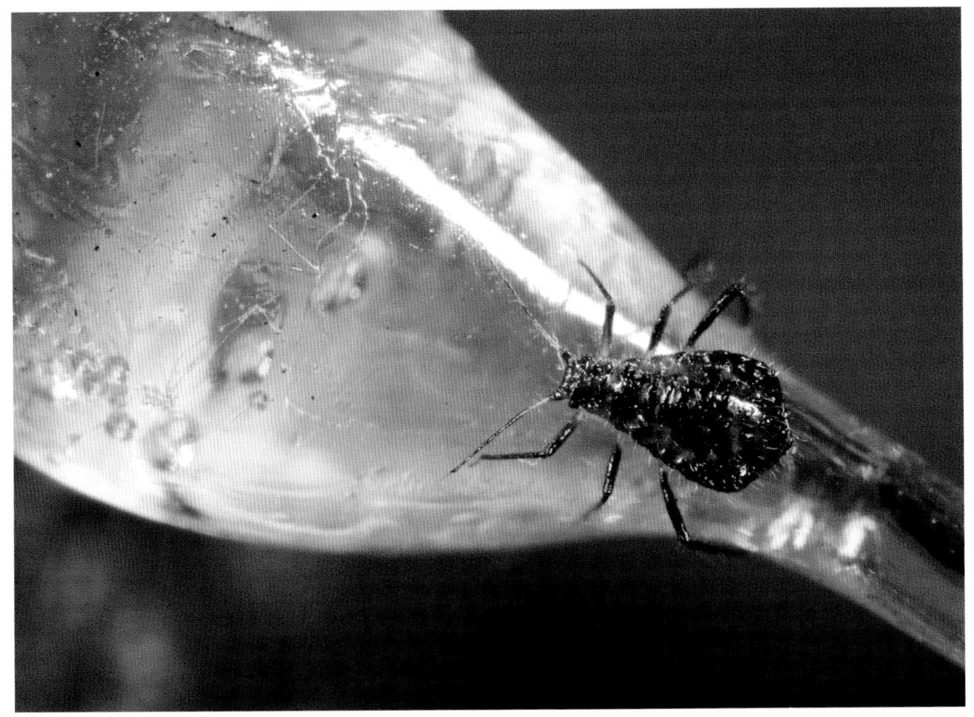

2015 年 5 月 2 日，栾树

㉝ 梨二叉蚜 *Schizaphis piricola* (Matsumura)

2021 年 4 月 18 日，梨树

2021 年 4 月 18 日，梨树

2021 年 4 月 18 日，梨树

2021 年 4 月 18 日，梨树

㉞ 胡萝卜微管蚜 *Semiaphis heraclei* (Takahashi)

2019 年 5 月 2 日，金银花

2019 年 5 月 2 日，金银花

2019 年 5 月 2 日，金银花

2019 年 5 月 2 日，金银花

2019 年 5 月 2 日，金银花

2019 年 5 月 2 日，金银花

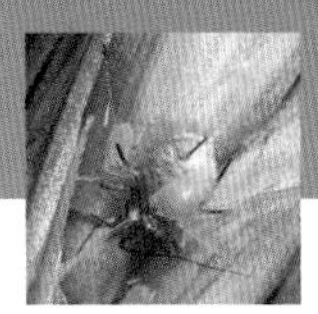

㉟ 荻草谷网蚜 *Sitobion miscanthi* (Takahashi)

2015 年 5 月 2 日，小麦

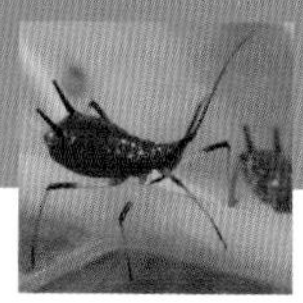

㊱ 莴苣指管蚜 *Uroleucon formosanum* (Takahashi)

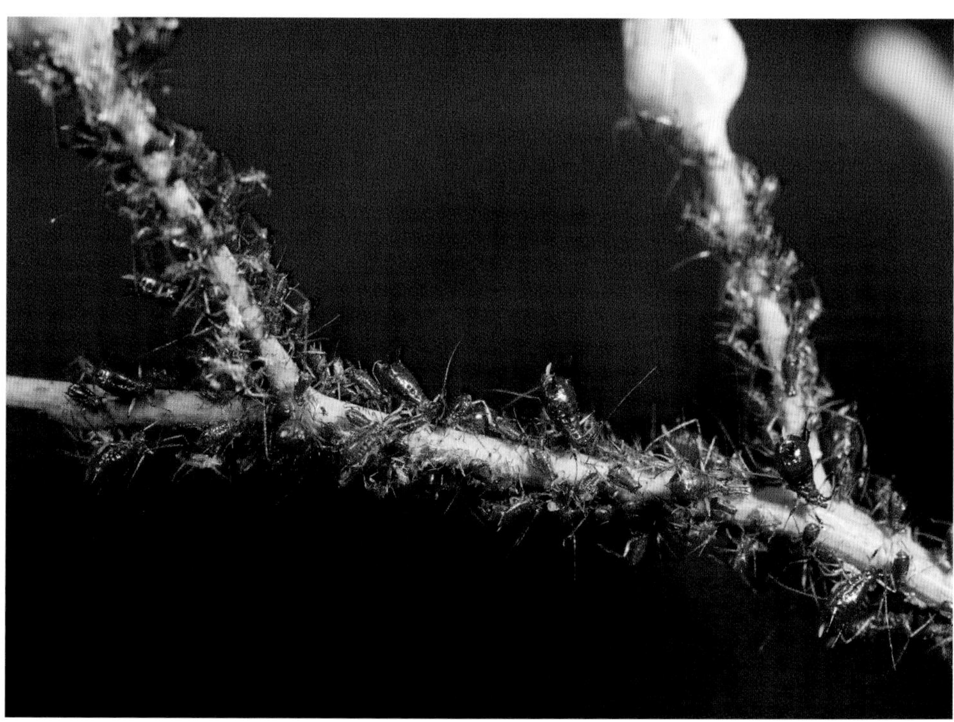

2020 年 9 月 26 日，苦苣菜

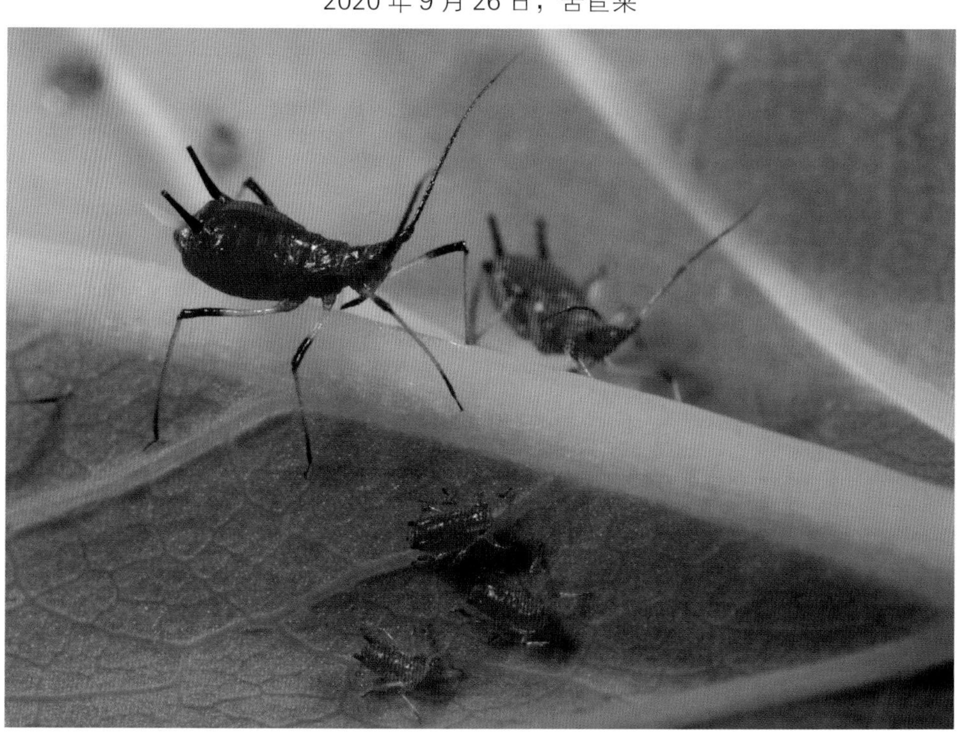

2020 年 9 月 26 日，苦苣菜

2020 年 9 月 26 日，苦苣菜

2020 年 9 月 26 日，苦苣菜

2020 年 9 月 26 日，苦苣菜

2020 年 9 月 26 日，苦苣菜

㊲ 柳紫闪蛱蝶 *Apatura ilia* (Denis et Schiffermüller)

2017 年 7 月 2 日，油桃

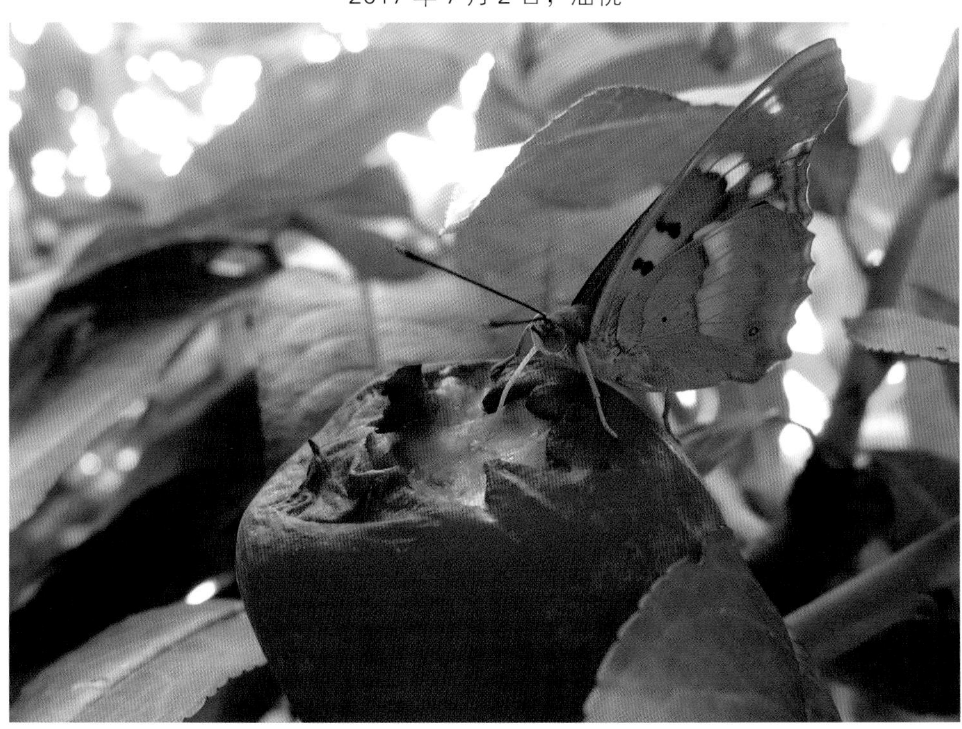

2017 年 7 月 2 日，油桃

㊳ 斐豹蛱蝶 *Argynnis hyperbius* (Linnaeus)

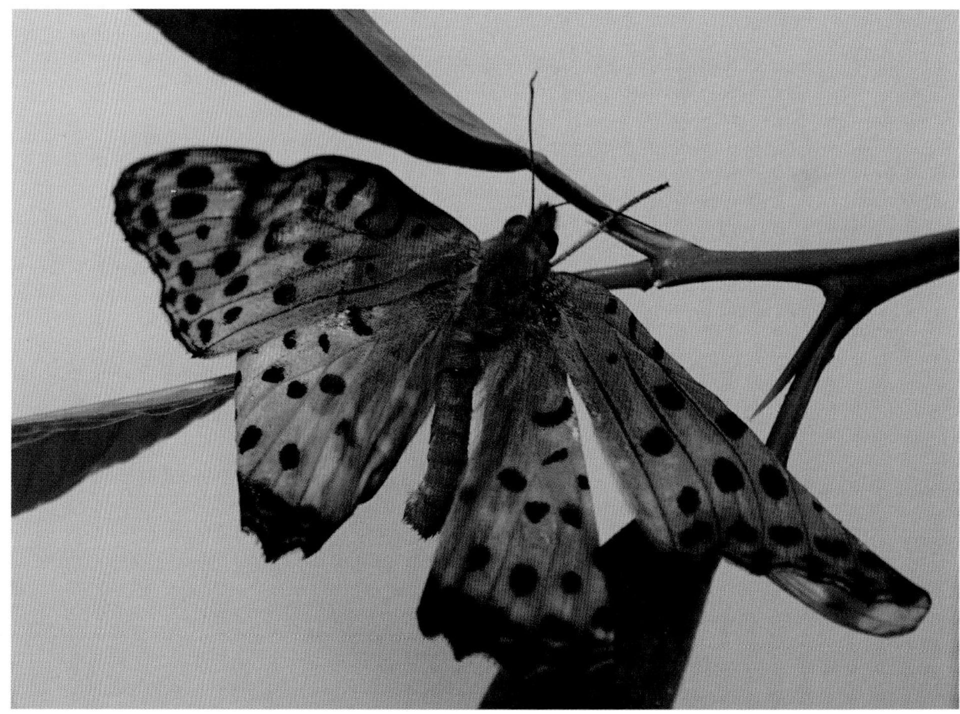
2021 年 10 月 3 日，成虫

2021 年 9 月 20 日，幼虫

2021 年 9 月 20 日，幼虫

2021 年 9 月 20 日，幼虫

2021 年 9 月 20 日，幼虫

2021 年 9 月 20 日，幼虫

2021 年 9 月 20 日，幼虫

2021 年 9 月 20 日，幼虫

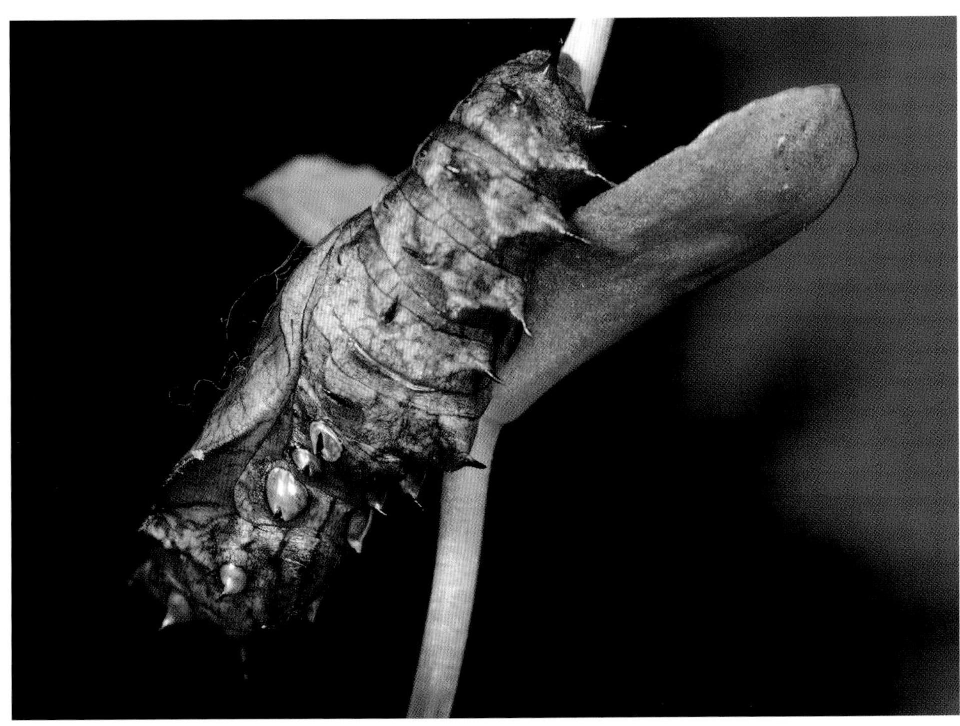

2021 年 9 月 22 日，蛹

2021 年 9 月 22 日，蛹

2021 年 9 月 22 日，蛹

2021 年 9 月 22 日，蛹

2021 年 9 月 22 日，蛹

2021 年 9 月 22 日，蛹

2021 年 9 月 22 日，蛹

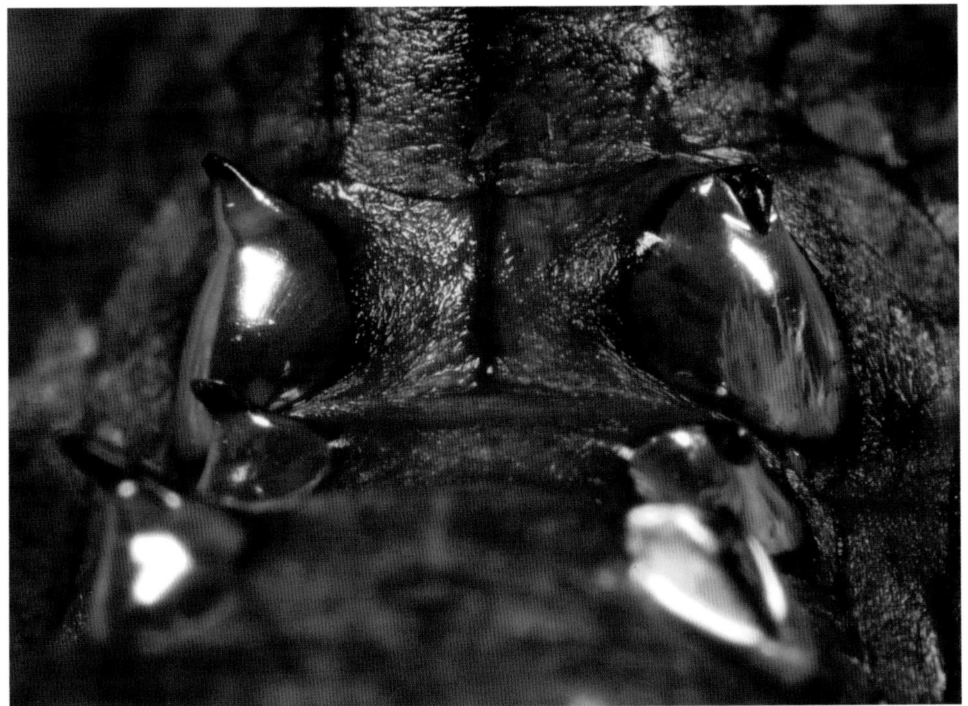

2021 年 9 月 22 日，蛹

2021 年 10 月 3 日，蛹

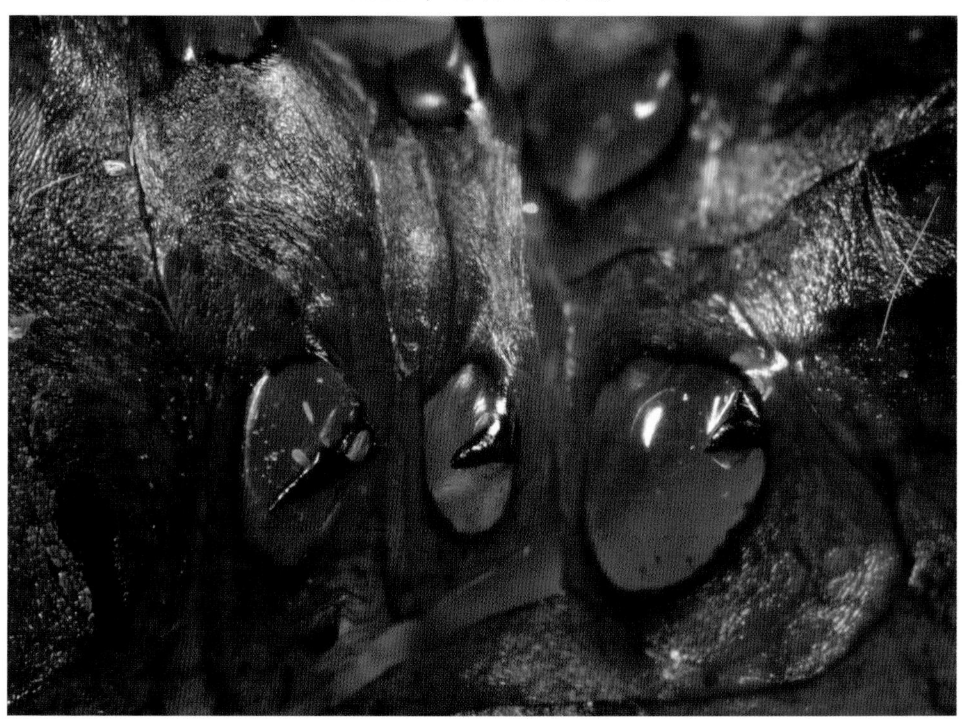

2021 年 10 月 3 日，蛹

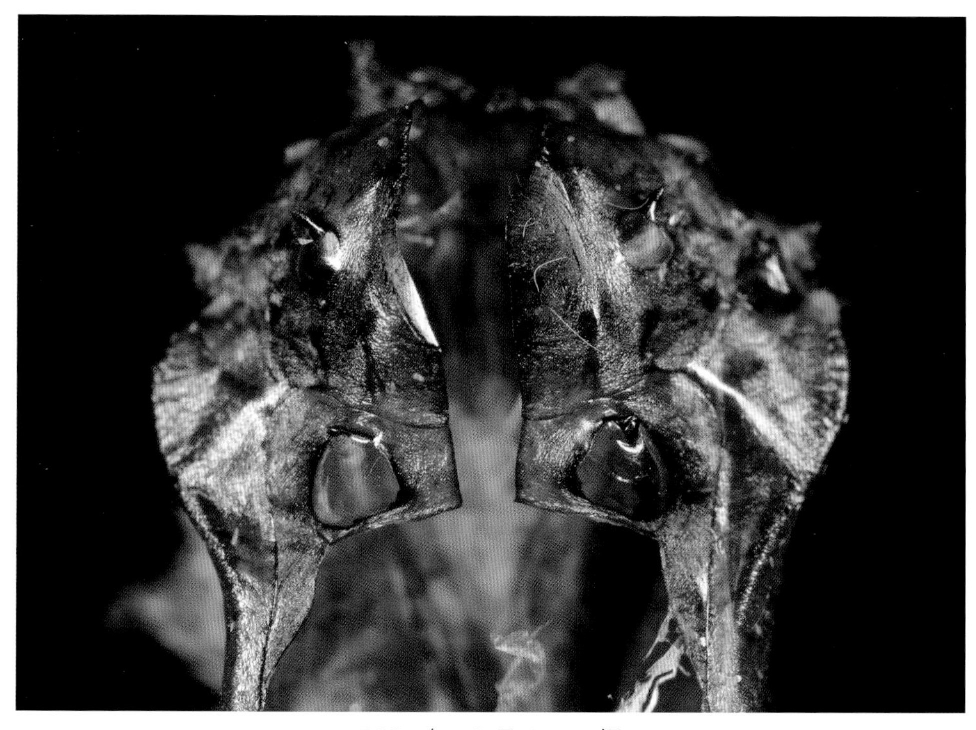
2021 年 10 月 3 日，蛹

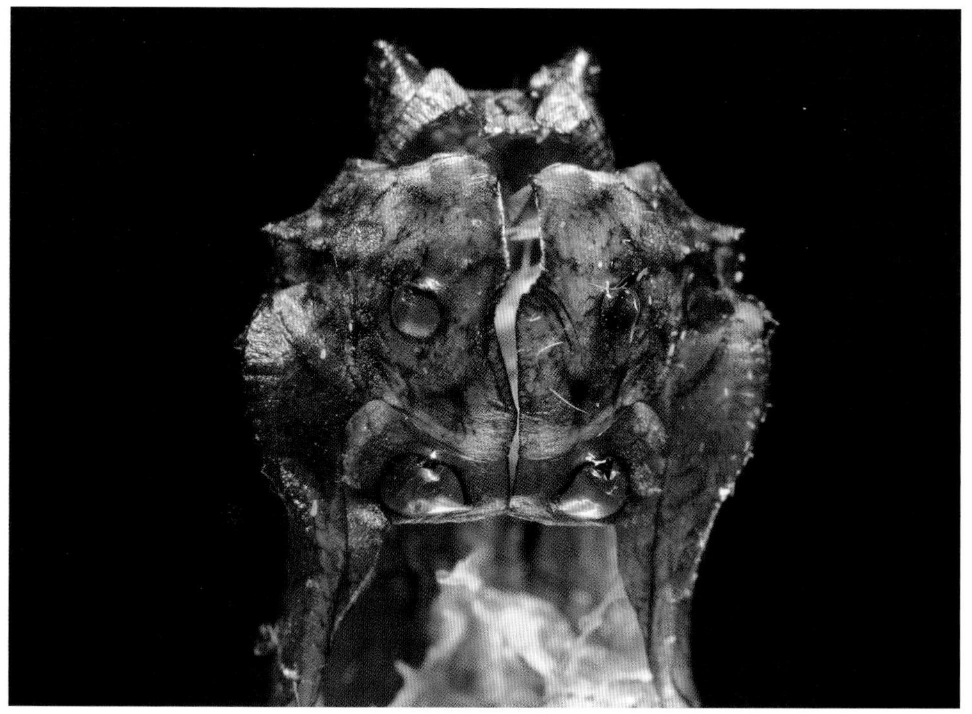
2021 年 10 月 3 日，蛹

㊴ 花椒凤蝶 *Papilio xuthus* Linnaeus

2017 年 10 月 1 日，成虫

2017 年 10 月 1 日，成虫

2017 年 10 月 1 日，成虫

2017 年 10 月 1 日，成虫

2017 年 10 月 1 日，成虫

2017 年 10 月 1 日，成虫

2021 年 10 月 2 日，幼虫，花椒

2021 年 10 月 2 日，幼虫，花椒

2021 年 10 月 2 日，幼虫，花椒

2021 年 10 月 2 日，幼虫，花椒

2021 年 10 月 2 日，幼虫，花椒

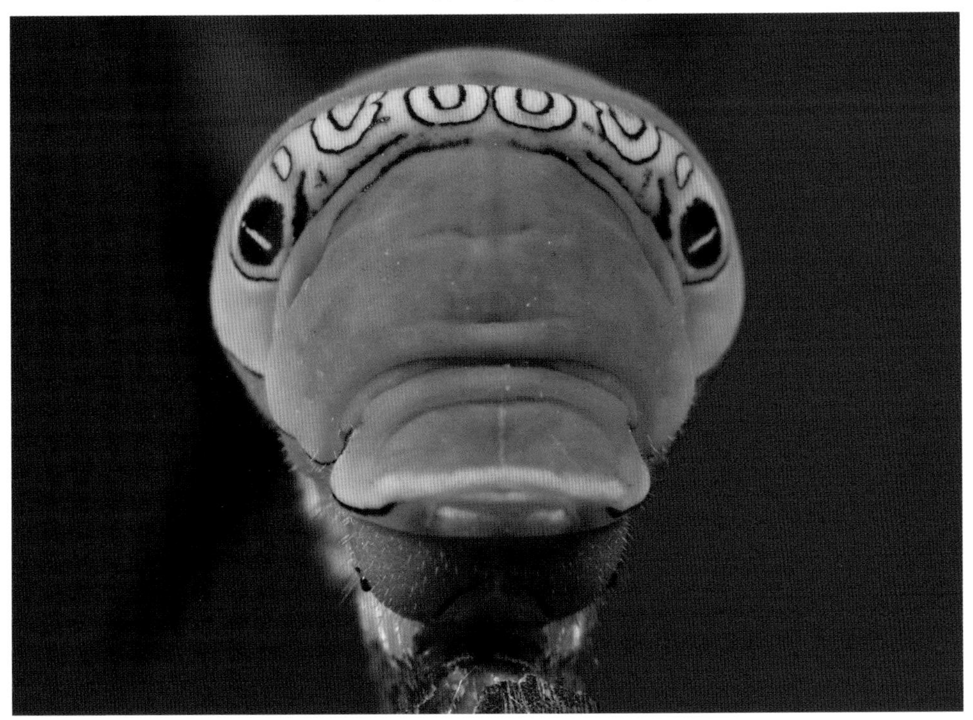

2021 年 10 月 2 日，幼虫，花椒

2021 年 10 月 2 日，蛹

㊵ 菜粉蝶 *Pieris rapae* Linne

2020 年 7 月 11 日，成虫

2018 年 6 月 9 日，成虫

2020 年 9 月 13 日，幼虫，萝卜

2020 年 9 月 13 日，幼虫，萝卜

2020 年 7 月 11 日，幼虫，茄子

2020 年 7 月 11 日，幼虫，茄子

2020 年 7 月 11 日，幼虫，茄子

㊶ 点玄灰蝶 *Tongeia filicaudis* (Pryer)

2020 年 8 月 15 日，成虫，八宝景天

2019 年 7 月 4 日，成虫，八宝景天

2019 年 7 月 4 日，成虫，八宝景天

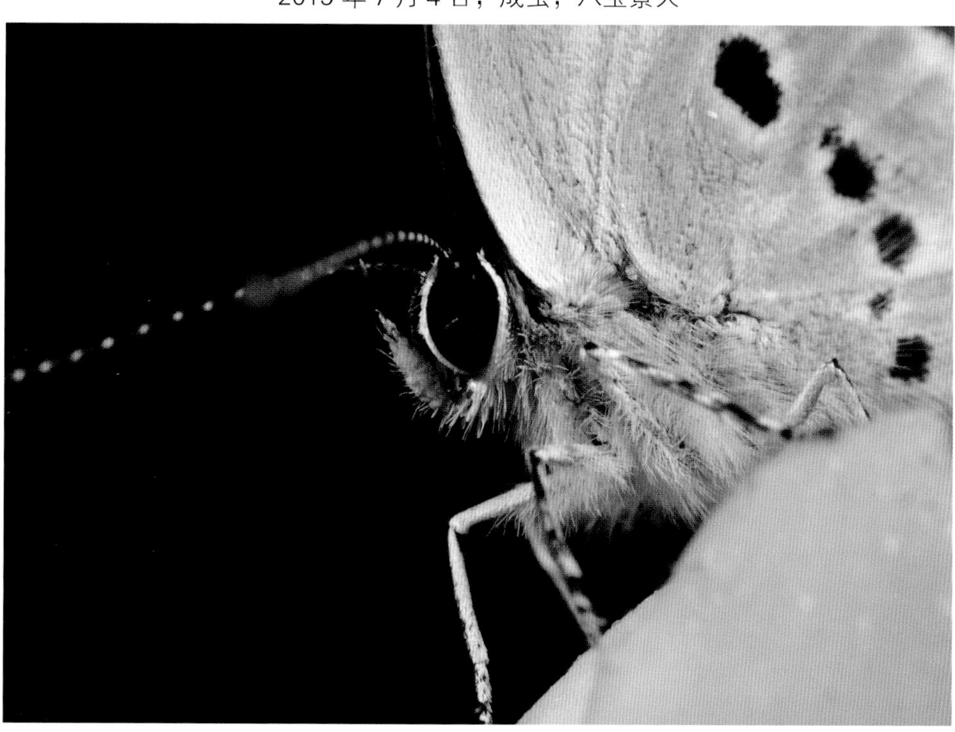

2019 年 7 月 4 日，成虫，八宝景天

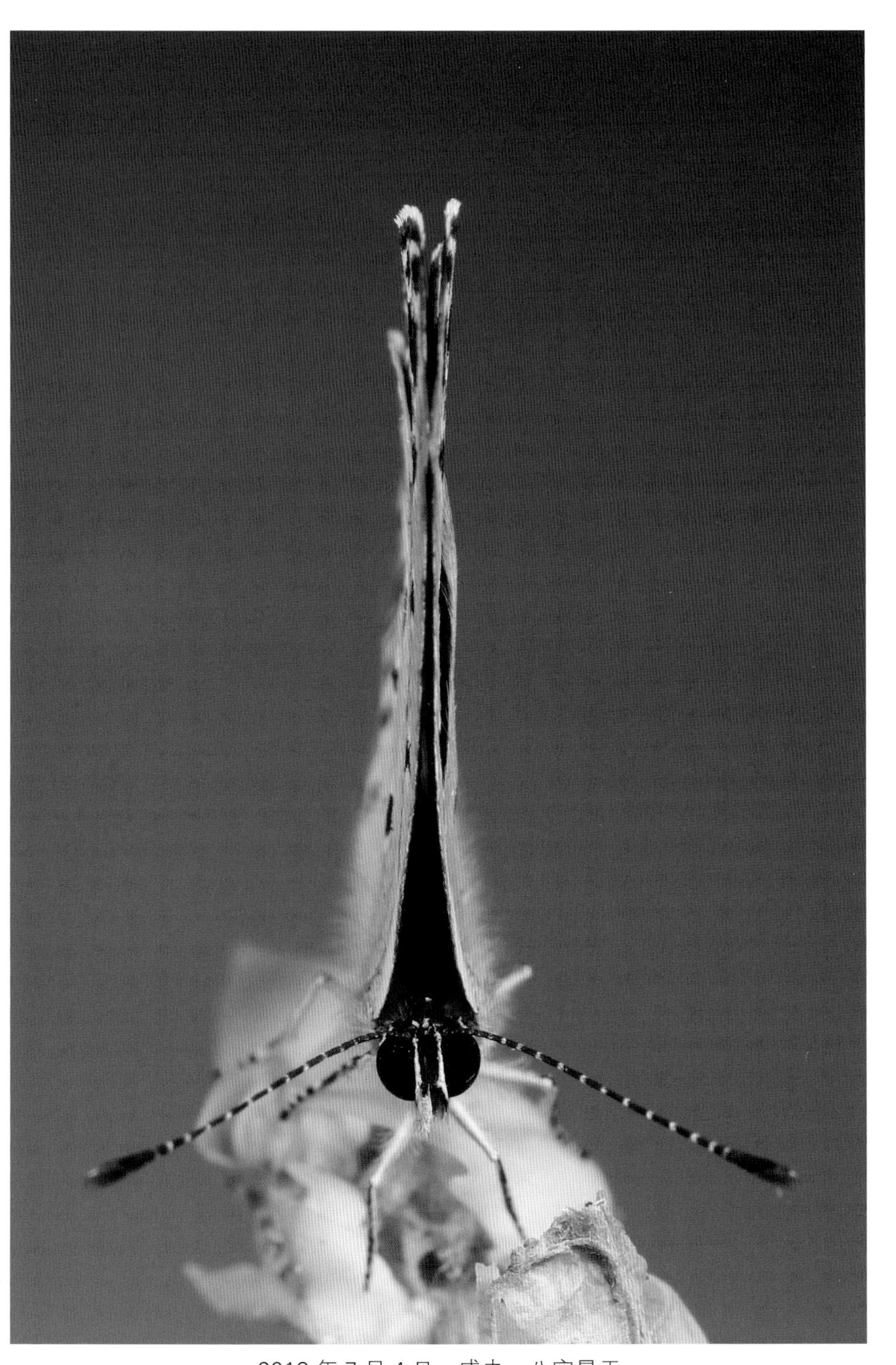

2019 年 7 月 4 日，成虫，八宝景天

2019 年 6 月 23 日，幼虫及其危害状，八宝景天

2019 年 6 月 23 日，幼虫及其危害状，八宝景天

2019 年 6 月 23 日，幼虫，八宝景天

2019 年 6 月 23 日，幼虫，八宝景天

2019 年 6 月 23 日，幼虫，八宝景天

2019 年 6 月 23 日，幼虫，八宝景天

2019 年 6 月 23 日，幼虫，八宝景天

2019 年 6 月 23 日，幼虫，八宝景天

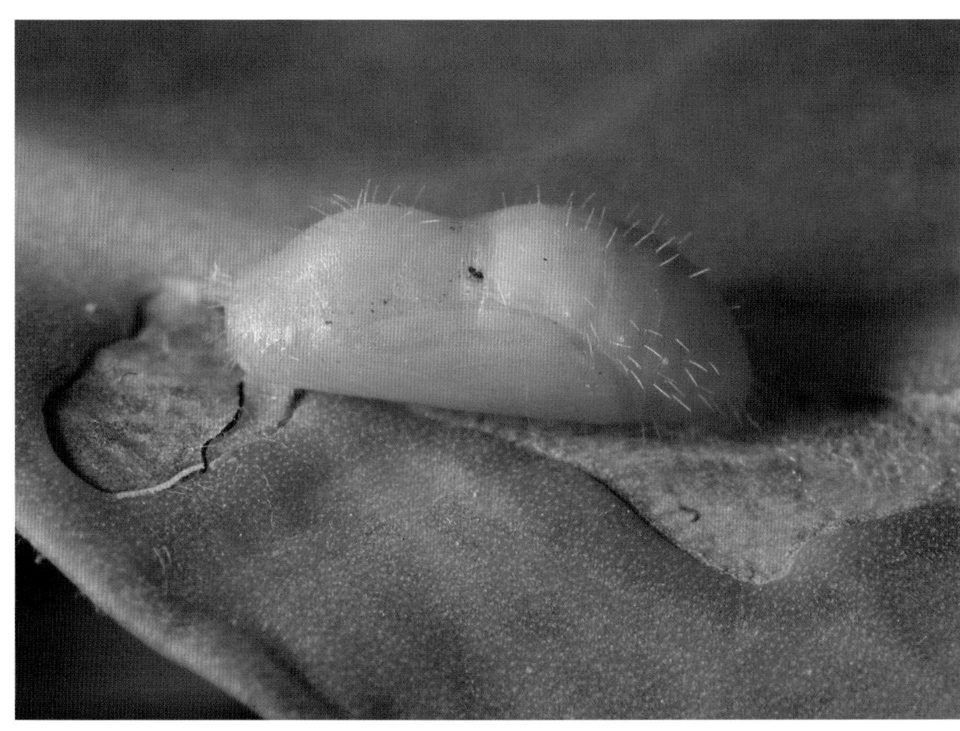

2019 年 7 月 1 日，蛹，八宝景天

2019 年 7 月 1 日，蛹，八宝景天

2019 年 7 月 1 日，蛹，八宝景天

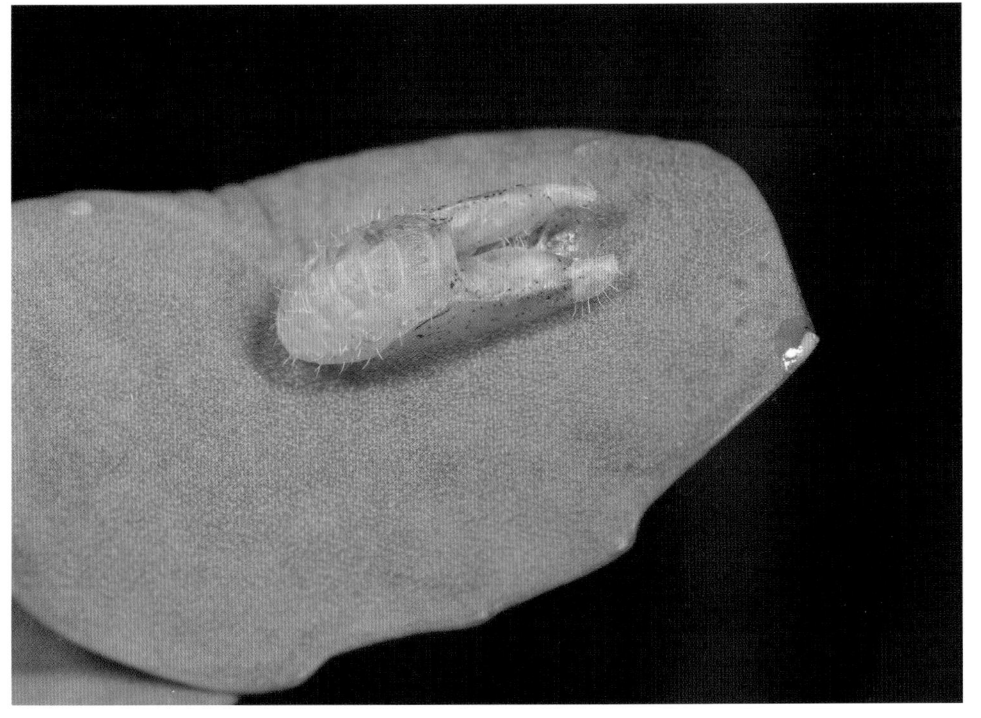

2019 年 7 月 4 日，蛹壳，八宝景天

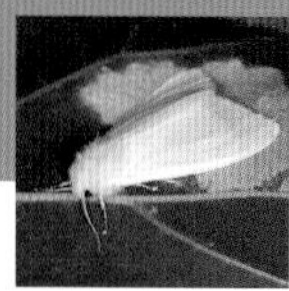

㊷ 美国白蛾 *Hyphantria cunea* (Drury)

2006 年 7 月 17 日，成虫和卵，桑树

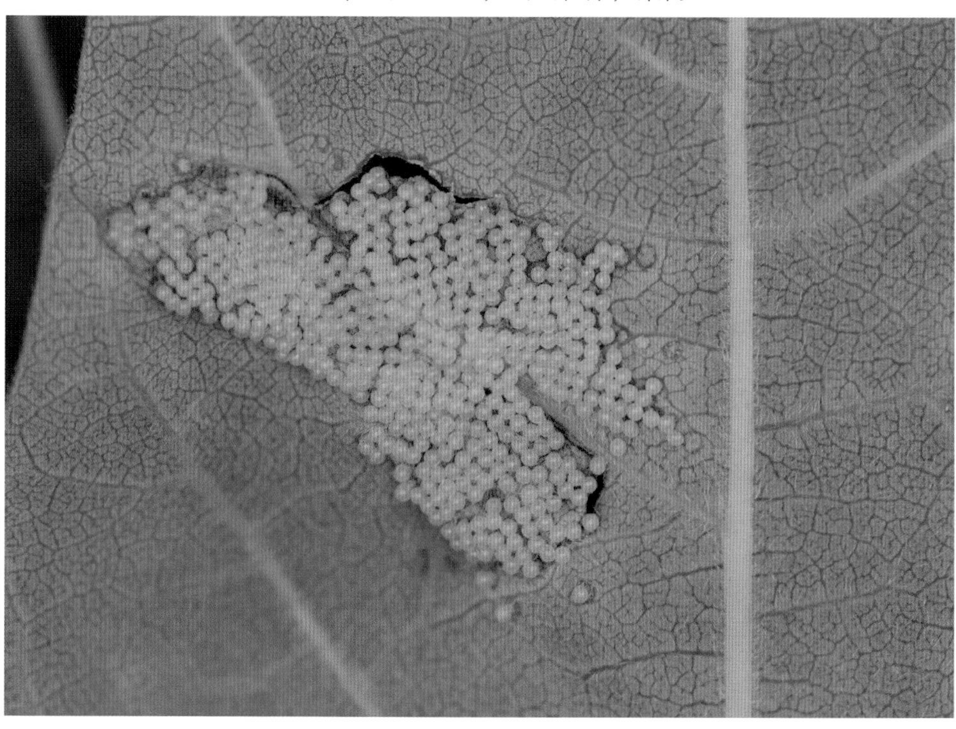

2014 年 3 月 8 日，卵

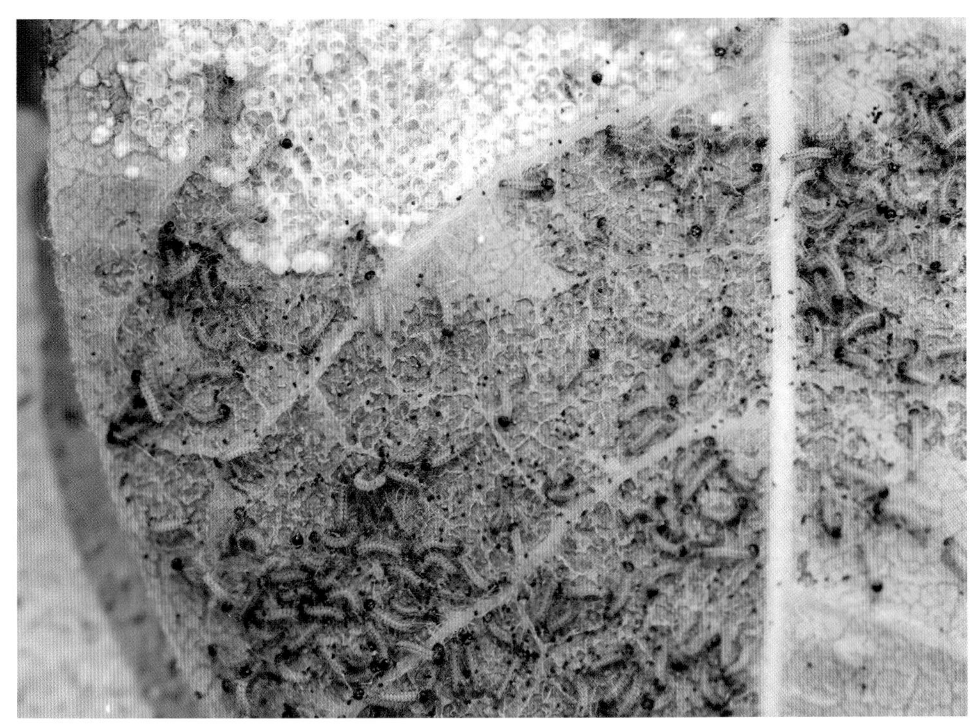

2014 年 3 月 8 日，初孵幼虫

2021 年 10 月 1 日，幼虫

2014 年 4 月 5 日，幼虫

2021 年 10 月 1 日，幼虫

2021 年 10 月 1 日，幼虫

2021 年 10 月 1 日，幼虫

2020 年 9 月 26 日，幼虫，榆树

2020 年 9 月 26 日，幼虫，榆树

2020 年 10 月 4 日，幼虫，金银花

2020 年 10 月 4 日，幼虫，金银花

2021 年 10 月 1 日，危害状

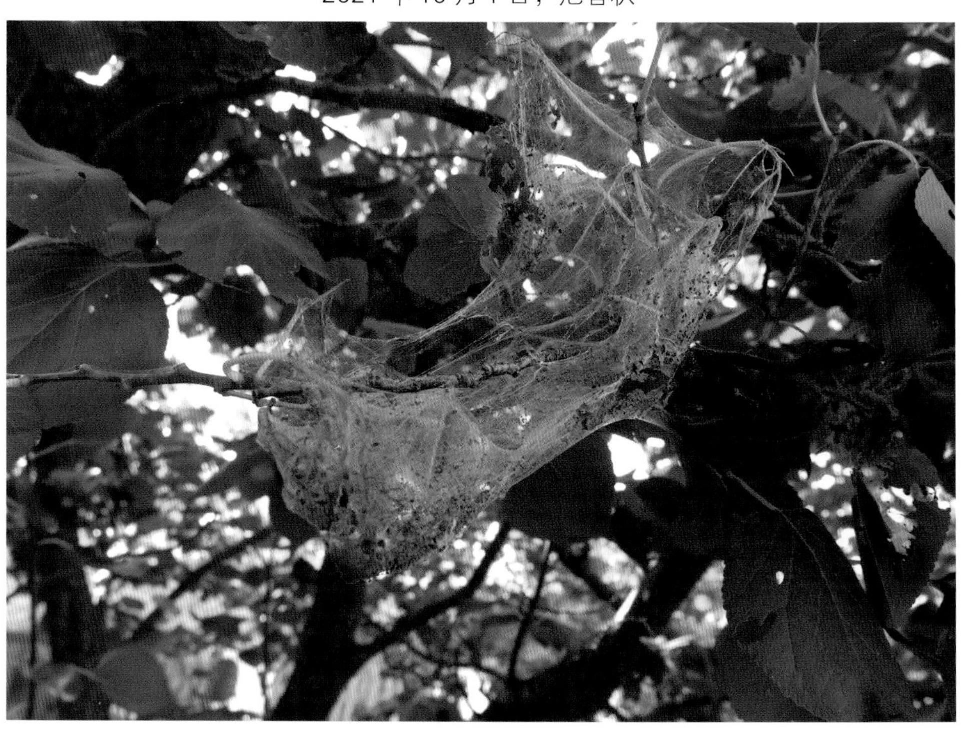

2019 年 8 月 18 日，幼虫及其危害状，杏树

2019 年 8 月 18 日，幼虫及其危害状，杏树

2019 年 8 月 18 日，幼虫及其危害状，杏树

2019 年 8 月 18 日，幼虫及其危害状，杏树

2019 年 8 月 18 日，幼虫及其危害状，杏树

2020 年 7 月 25 日，幼虫及其危害状，核桃

2020 年 7 月 25 日，幼虫及其危害状，核桃

2020 年 7 月 25 日，幼虫及其危害状，核桃

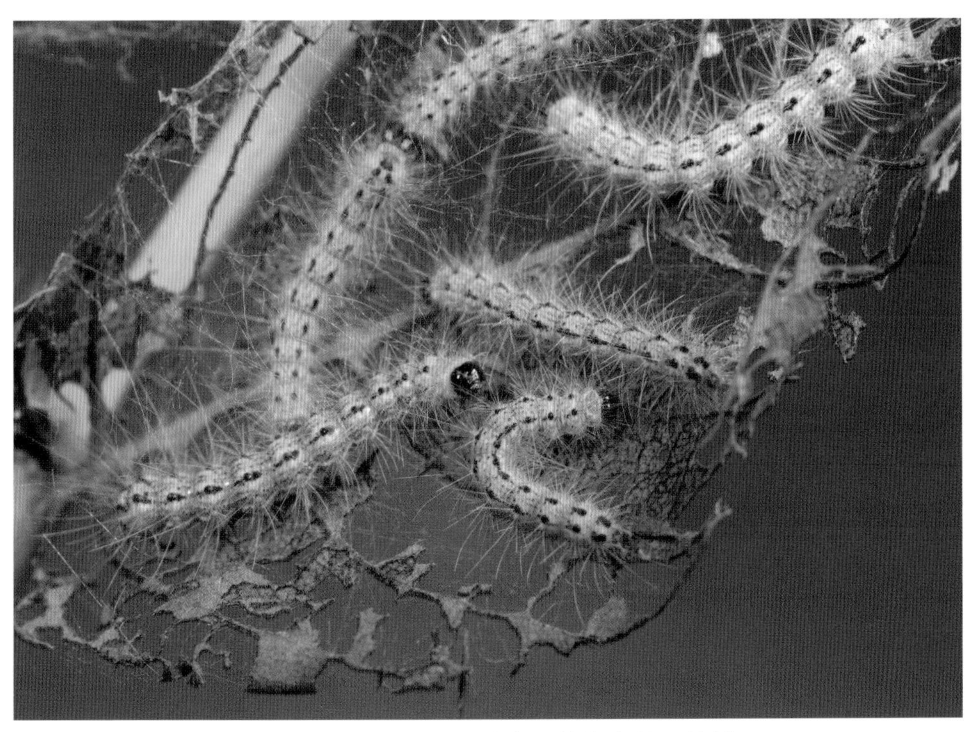

2020 年 7 月 25 日，幼虫及其危害状，核桃

2020 年 7 月 25 日，危害状，核桃

昆虫

半翅目

鳞翅目 >

脉翅目

膜翅目

鞘翅目

蜻蜓目

双翅目

螳螂目

直翅目

蜘蛛

2020 年 7 月 25 日，危害状，核桃

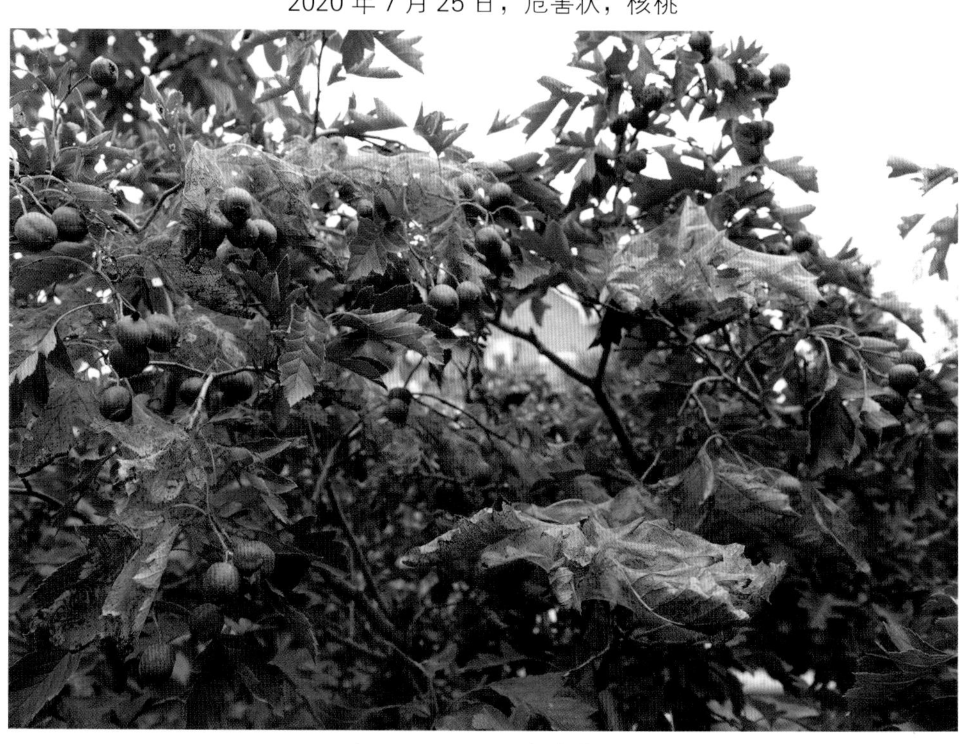

2021 年 9 月 12 日，危害状，山楂

2021 年 9 月 12 日，幼虫及其危害状，山楂

2021 年 9 月 12 日，幼虫及其危害状，山楂

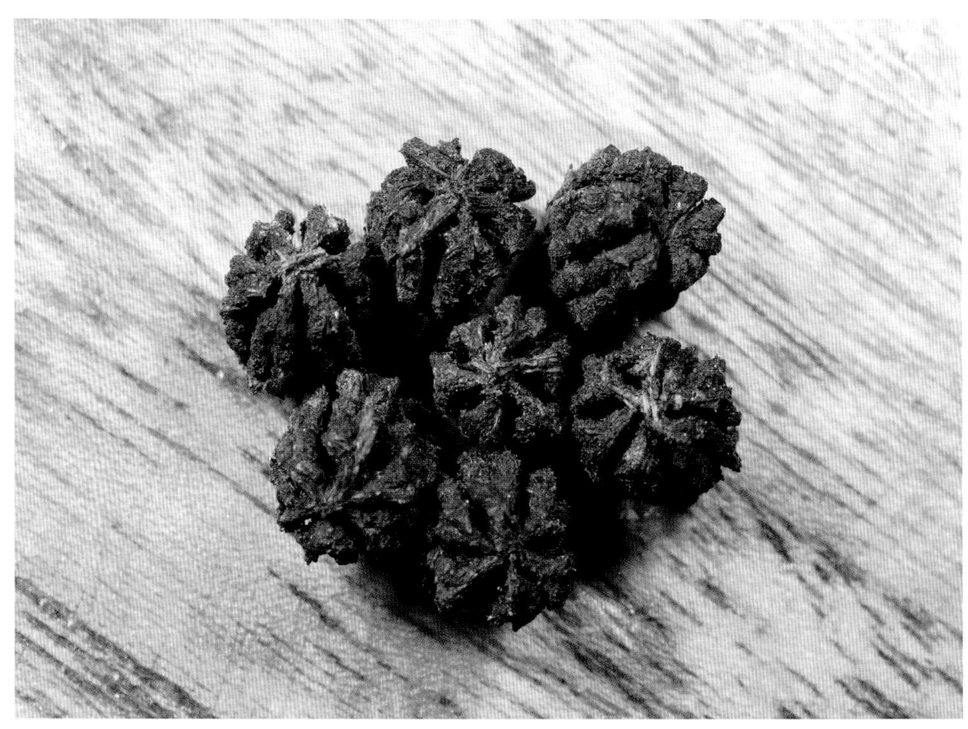

2021 年 9 月 11 日，幼虫粪便

2021 年 9 月 11 日，幼虫粪便

㊸ 黄褐天幕毛虫 *Malacosoma neustria testacea* (Motschulsky)

2019 年 4 月 14 日，西府海棠

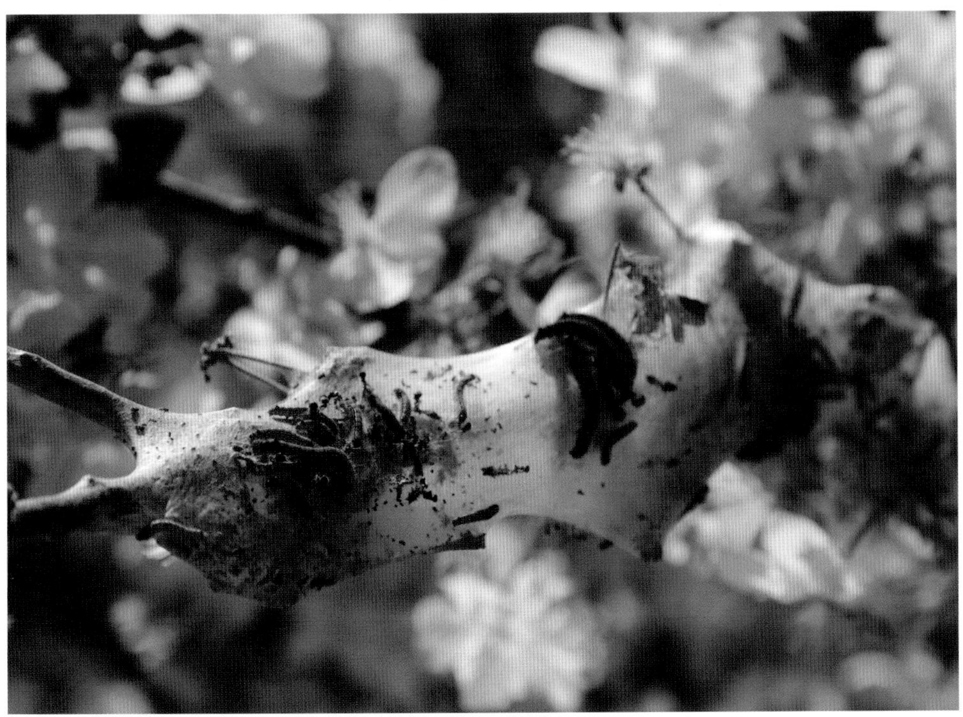

2019 年 4 月 14 日，西府海棠

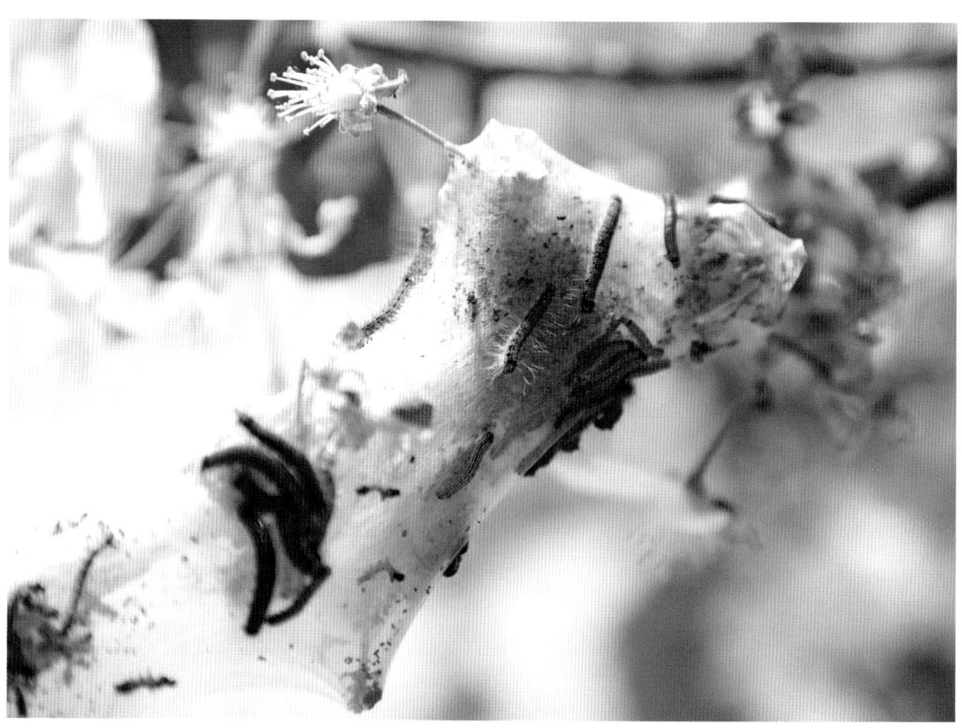

2019 年 4 月 14 日，西府海棠

2019 年 4 月 14 日，西府海棠

㊹ 中国绿刺蛾 *Parasa sinica* Moore

2020 年 7 月 25 日，成虫

2020 年 7 月 25 日，成虫

2020 年 7 月 25 日，成虫

2020 年 7 月 25 日，成虫

2015 年 9 月 12 日，幼虫，枣树

2015 年 9 月 12 日，幼虫，枣树

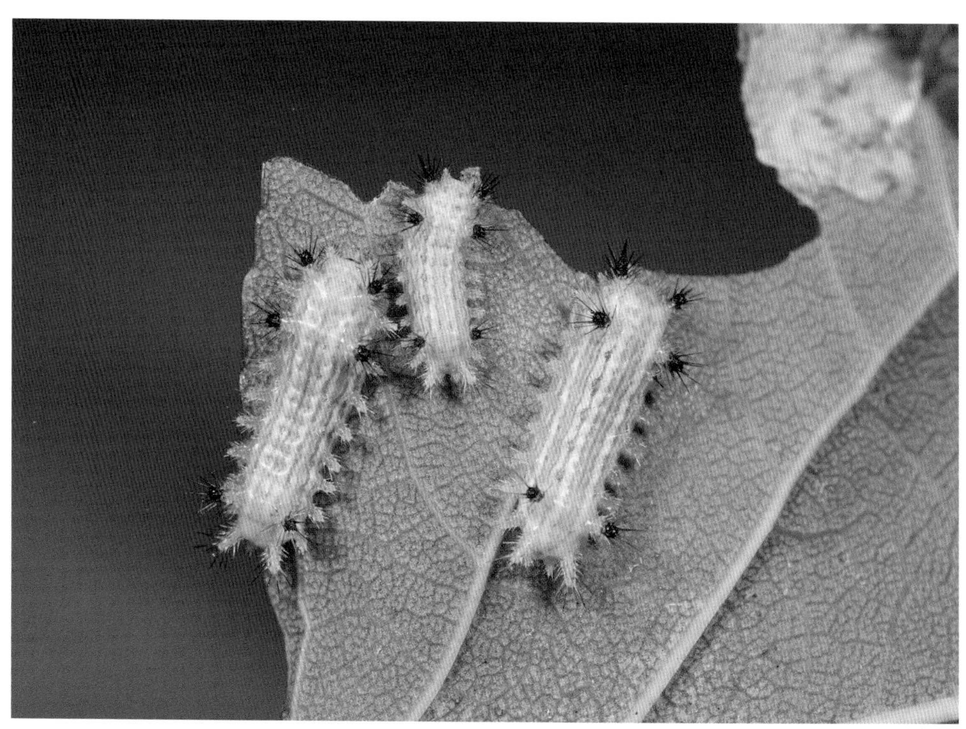

2019 年 8 月 18 日，幼虫，杏树

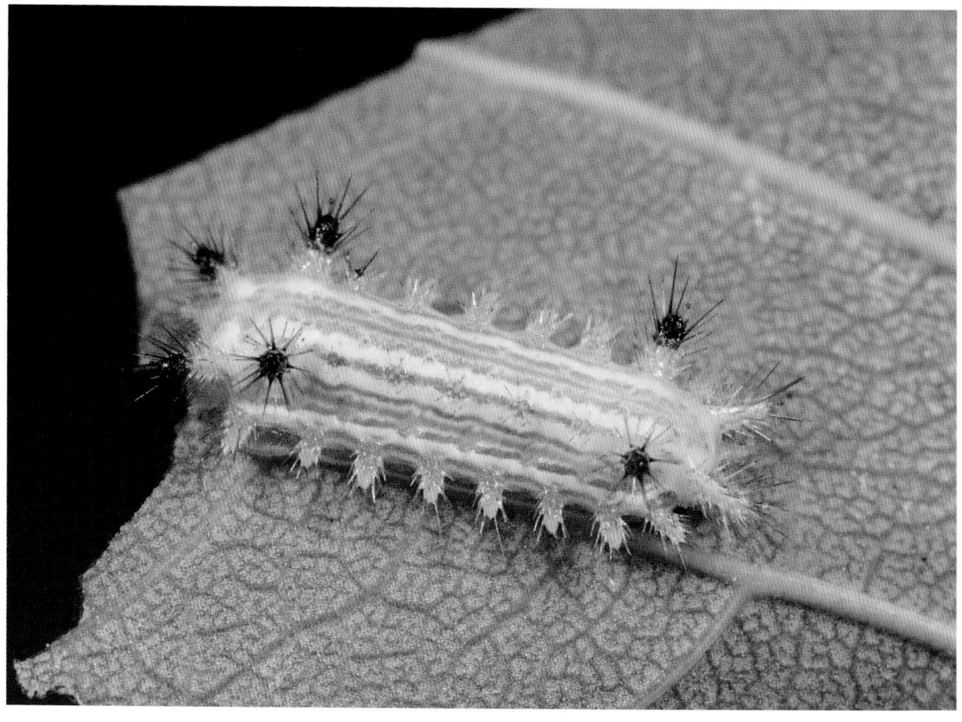

2019 年 8 月 18 日，幼虫，杏树

2020 年 7 月 11 日，幼虫，紫荆

2020 年 7 月 11 日，幼虫，紫荆

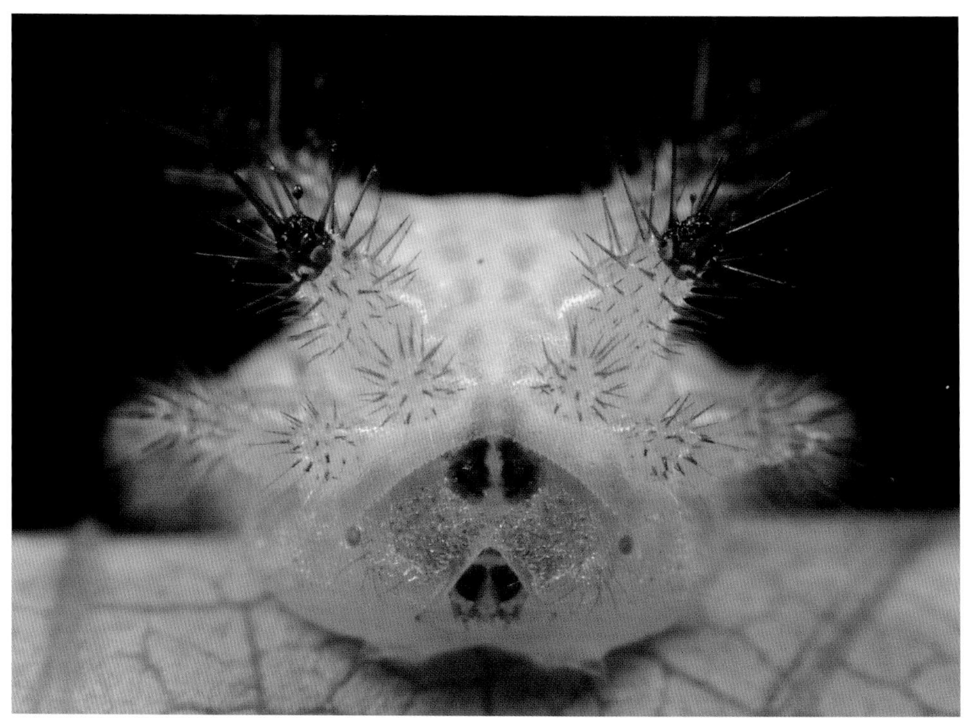

2020 年 7 月 11 日，幼虫，紫荆

2020 年 7 月 11 日，幼虫毒刺

2020 年 7 月 11 日，幼虫毒刺

2019 年 5 月 5 日，蛹，石榴

2019 年 5 月 5 日，蛹，石榴

㊺ 桃蛀螟 *Conogethes punctiferalis* (Guenée)

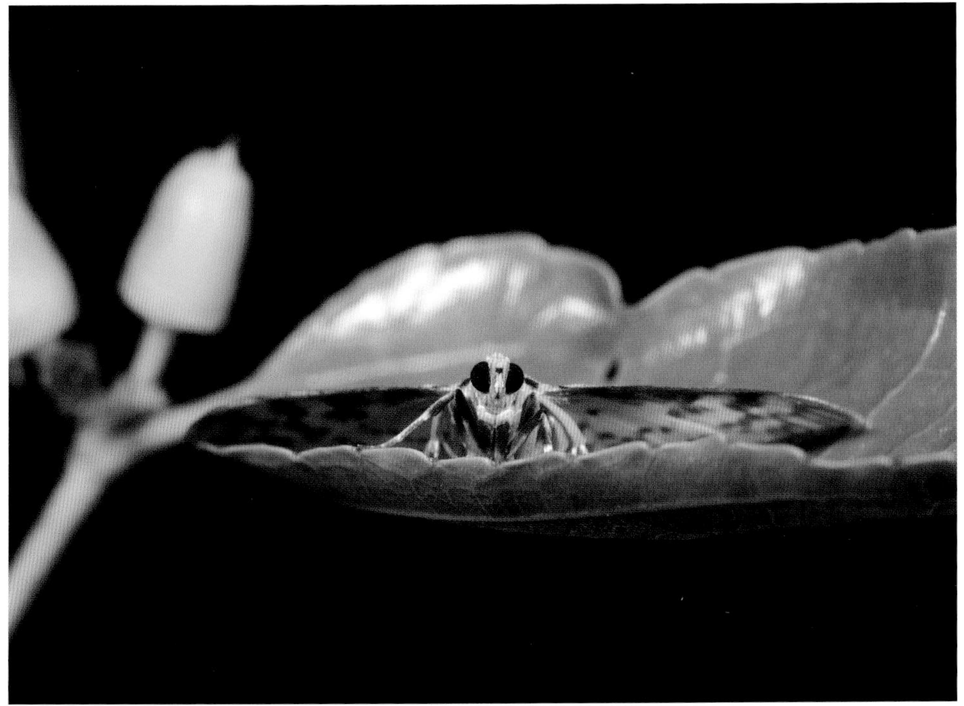

2020 年 8 月 2 日，枣树

2019 年 9 月 22 日，枣树

昆虫

半翅目

鳞翅目 >

脉翅目

膜翅目

鞘翅目

蜻蜓目

双翅目

螳螂目

直翅目

蜘蛛

2020 年 8 月 2 日，枣树

㊻ 梨小食心虫 *Grapholitha molesta* Busck

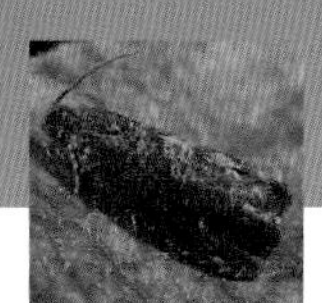

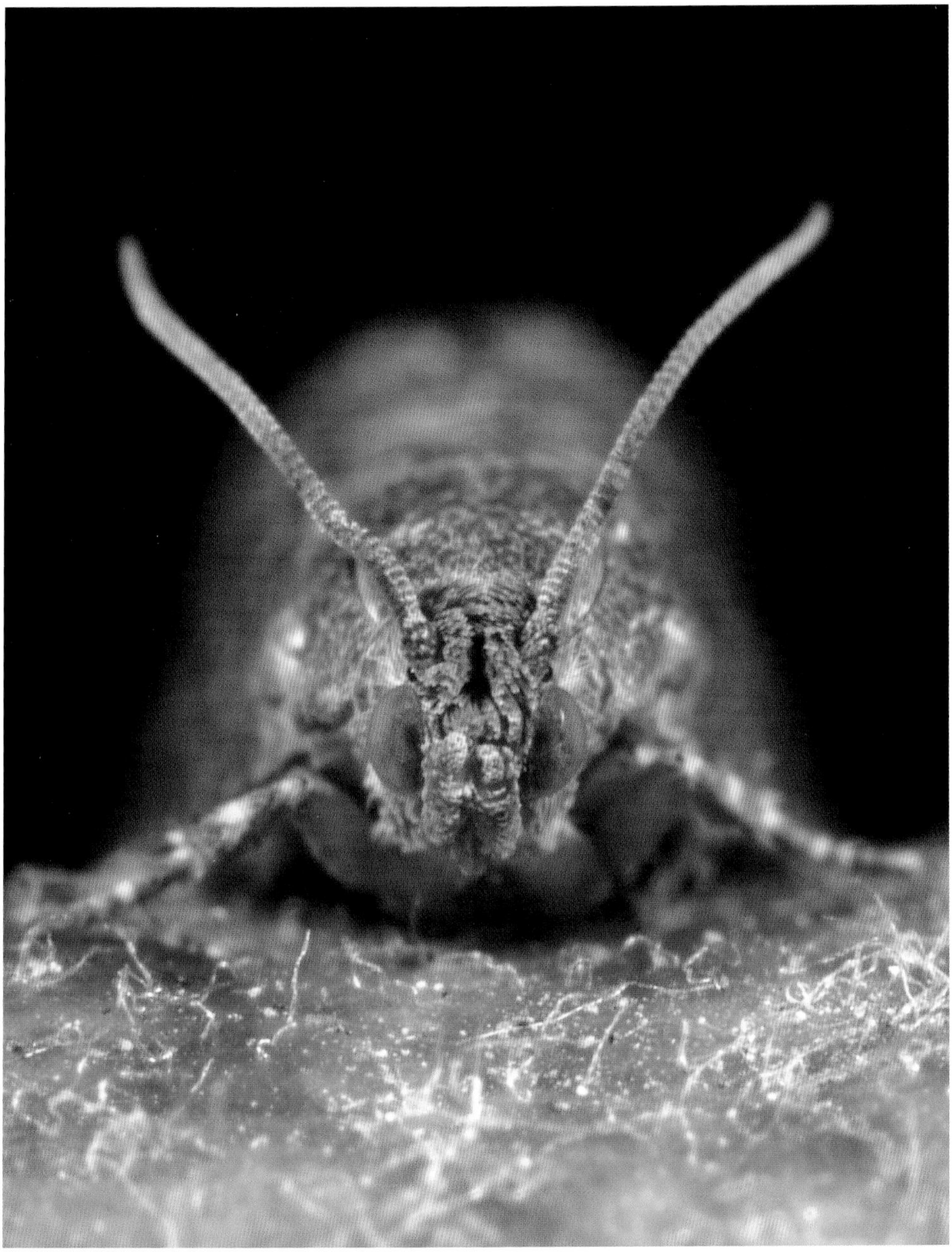

2021 年 12 月 13 日

昆虫

半翅目

鳞翅目 >

脉翅目

膜翅目

鞘翅目

蜻蜓目

双翅目

螳螂目

直翅目

蜘蛛

2021 年 6 月 13 日

2021 年 6 月 13 日

47 长喙天蛾 *Macroglossum corythus luteata* (Butler)

2016 年 10 月 5 日

2020 年 5 月 24 日

2020 年 5 月 24 日

2020 年 9 月 13 日

2020 年 9 月 13 日

2020 年 9 月 13 日

㊽ 雀纹天蛾 *Theretra japonica* Orwa

2016 年 9 月 3 日，葡萄

2016 年 9 月 3 日，葡萄

2016年9月3日，葡萄

2016年9月3日，葡萄

2016 年 9 月 3 日，葡萄

2016 年 9 月 3 日，葡萄

2016 年 9 月 3 日，葡萄

2016 年 9 月 3 日，葡萄

2016 年 9 月 3 日，幼虫胸部斑点

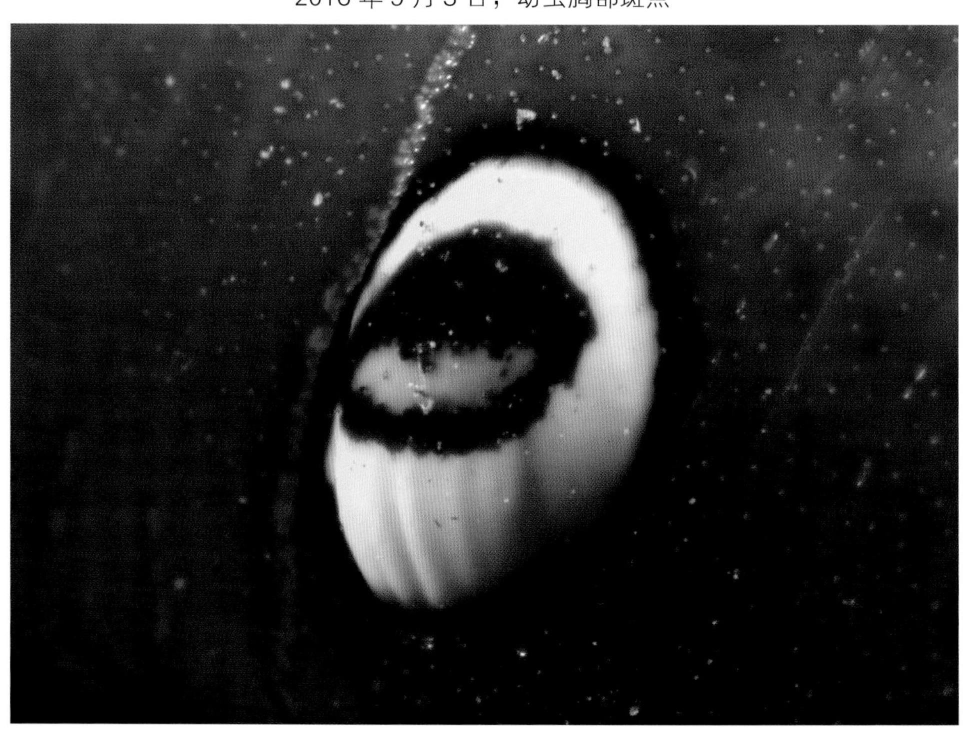

2016 年 9 月 3 日，幼虫胸部斑点

㊾ 烟青虫 *Helicoverpa assulta* (Guenée)

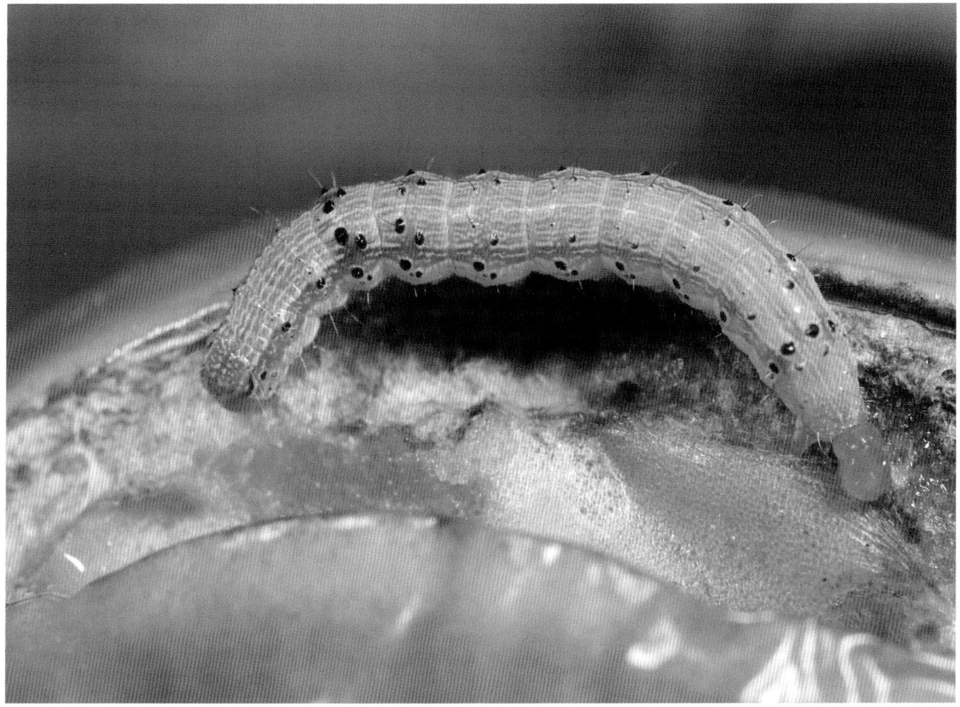

2020 年 8 月 15 日，西红柿

2020 年 8 月 15 日，西红柿

昆虫

半翅目

鳞翅目 >

脉翅目

膜翅目

鞘翅目

蜻蜓目

双翅目

螳螂目

直翅目

蜘蛛

2020 年 8 月 15 日，西红柿

2020 年 8 月 15 日，西红柿

㊿ 甘薯麦蛾 *Brachmia macroscopa* Meyrick

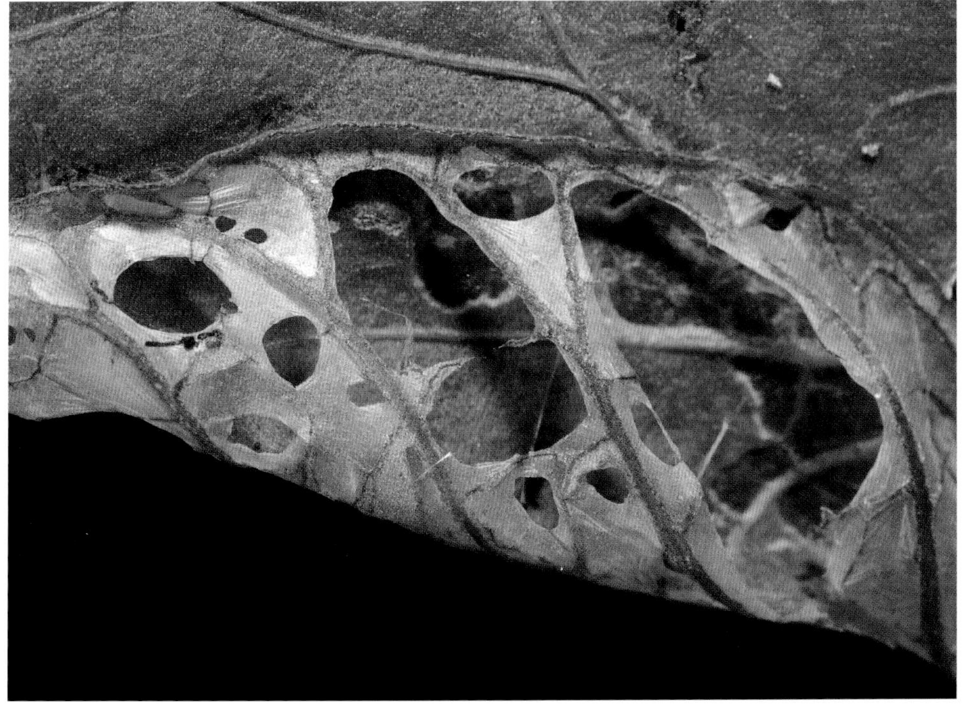

2021 年 8 月 28 日，红薯

2021 年 8 月 28 日，红薯

2021 年 8 月 28 日，红薯

2021 年 8 月 28 日，红薯

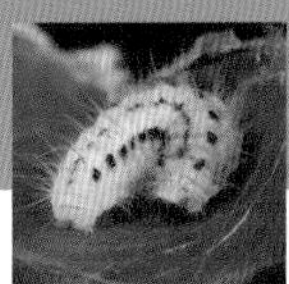

51 梨星毛虫 *Illiberis pruni* Dyar

2019 年 5 月 5 日，西府海棠

2019 年 5 月 5 日，西府海棠

2019 年 5 月 5 日，西府海棠

52 小线角木蠹蛾 *Holcocerus insularis* Staudinger

2014 年 3 月 8 日，成虫背面

2014 年 3 月 8 日，成虫侧面

昆虫

半翅目

鳞翅目 >

脉翅目

膜翅目

鞘翅目

蜻蜓目

双翅目

螳螂目

直翅目

蜘蛛

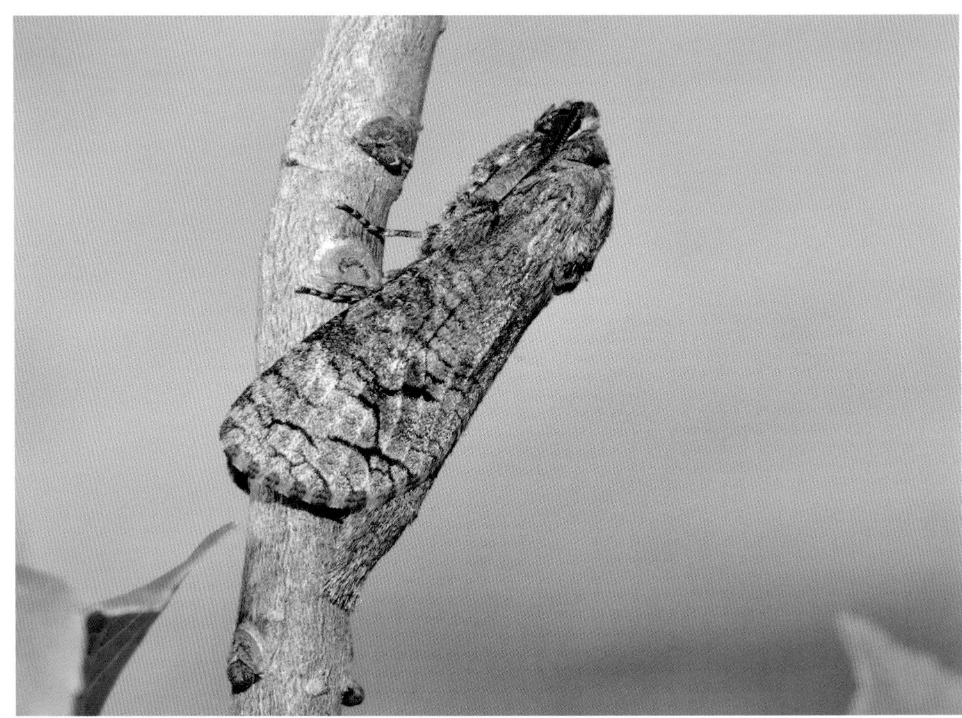

2014 年 4 月 5 日，成虫背侧面

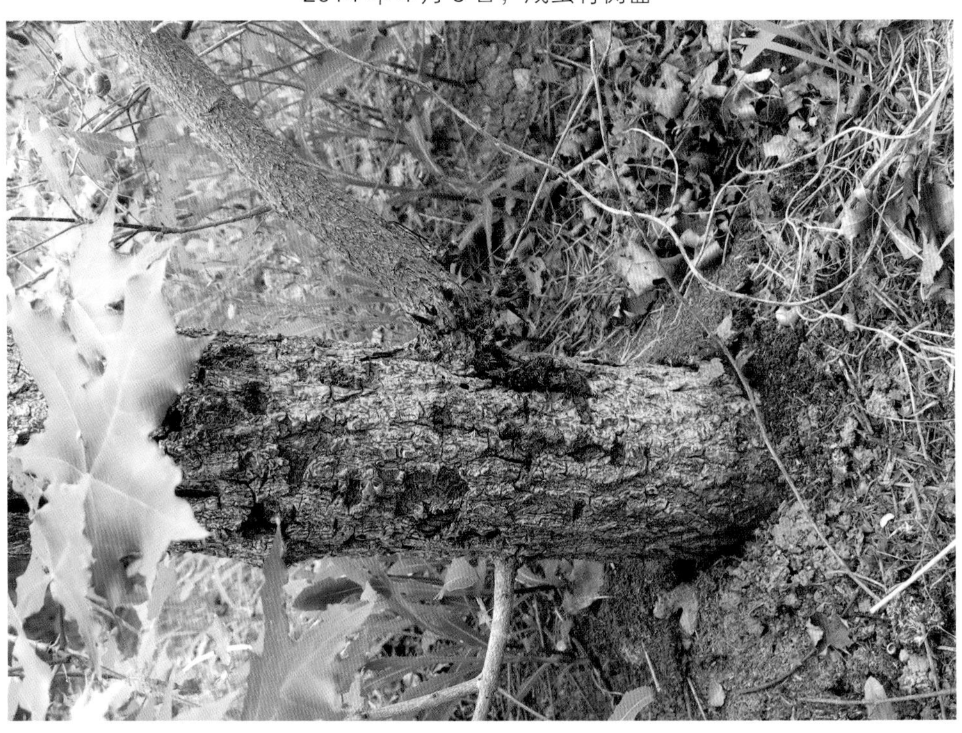

2015 年 5 月 9 日，危害状，枫树

2019 年 9 月 14 日，幼虫及其危害状，海棠

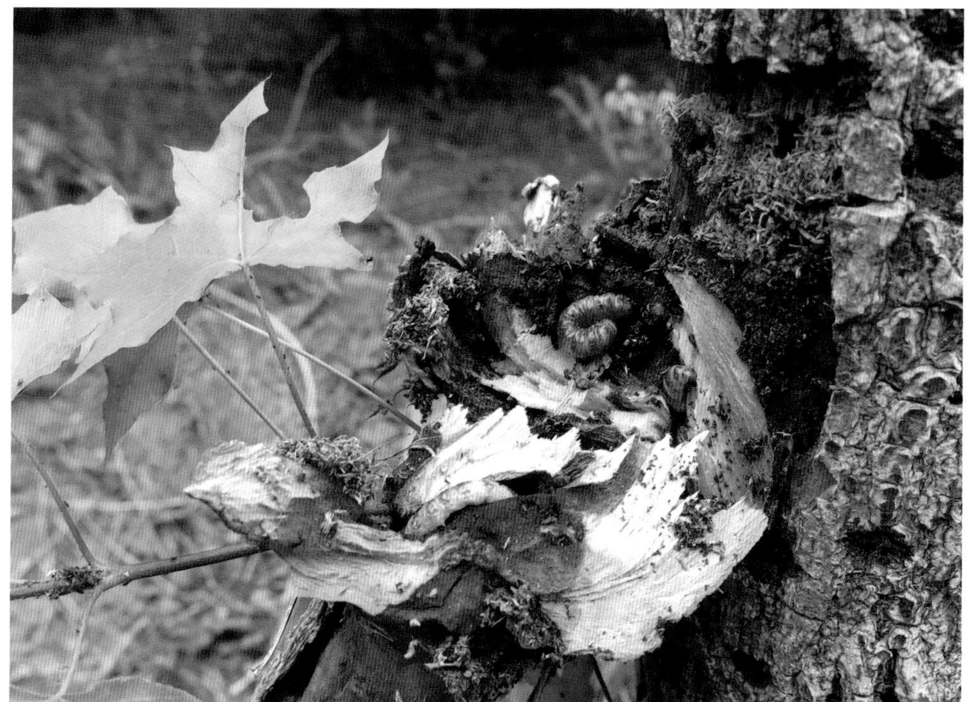

2015 年 5 月 9 日，幼虫及其危害状，枫树

2015 年 5 月 9 日，幼虫

2015 年 5 月 9 日，幼虫

(53) 戟盗毒蛾 *Euproctis pulverea* (Leech)

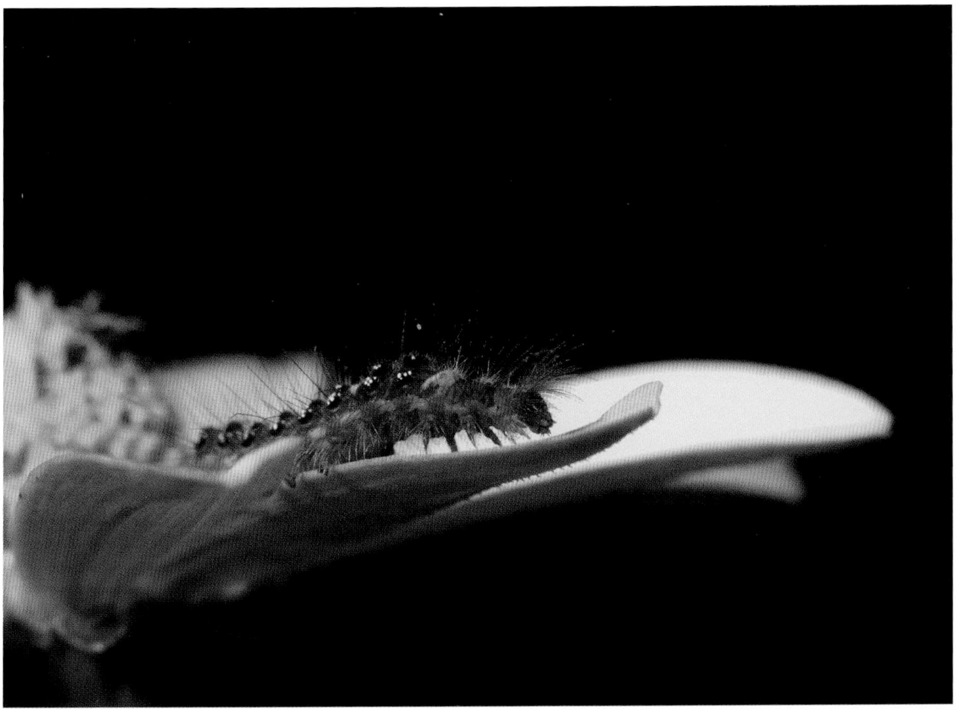

2021 年 7 月 3 日，菊花

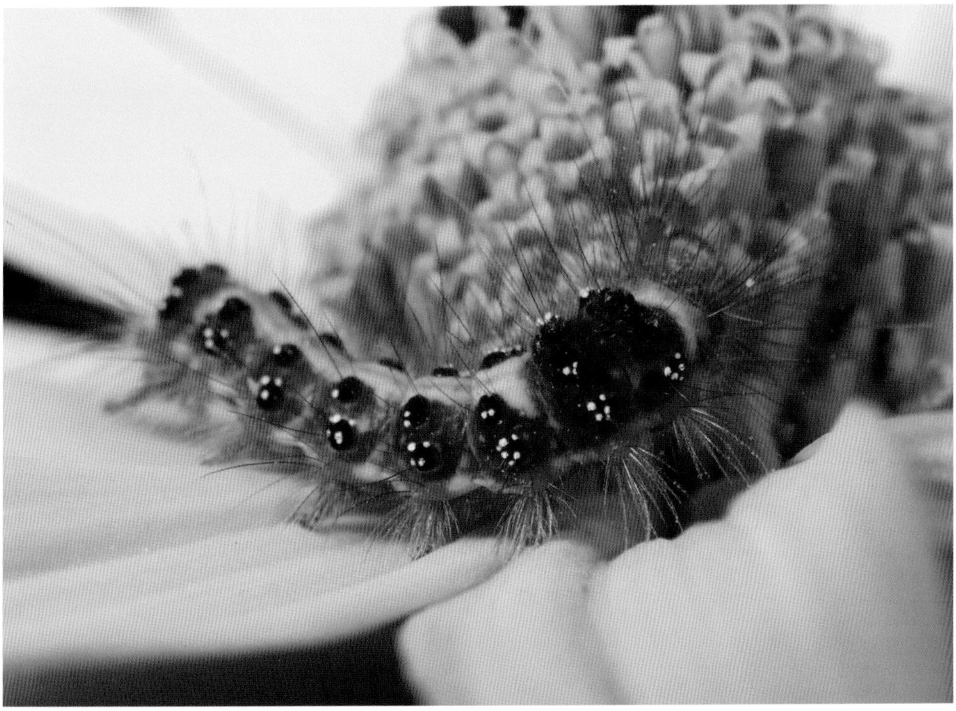

2021 年 7 月 3 日，菊花

2021 年 7 月 3 日，菊花

2021 年 7 月 3 日，菊花

2019 年 9 月 22 日，幼虫，枣树

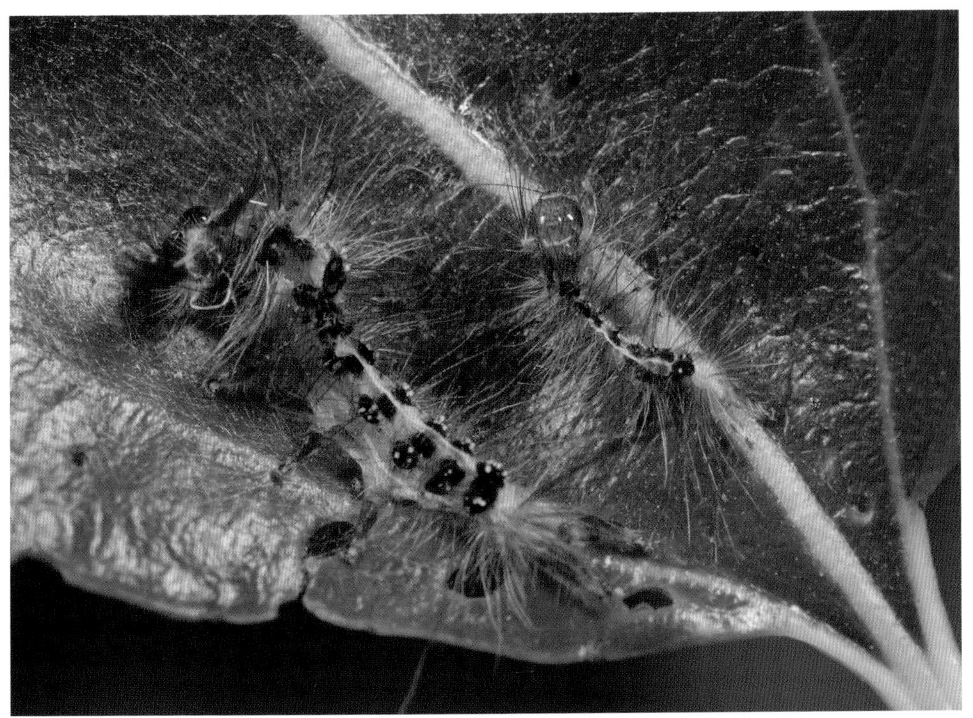

2019 年 9 月 22 日，幼虫蜕皮，枣树

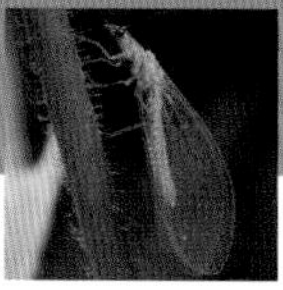

54 丽草蛉 *Chrysopa formosa* Brauer

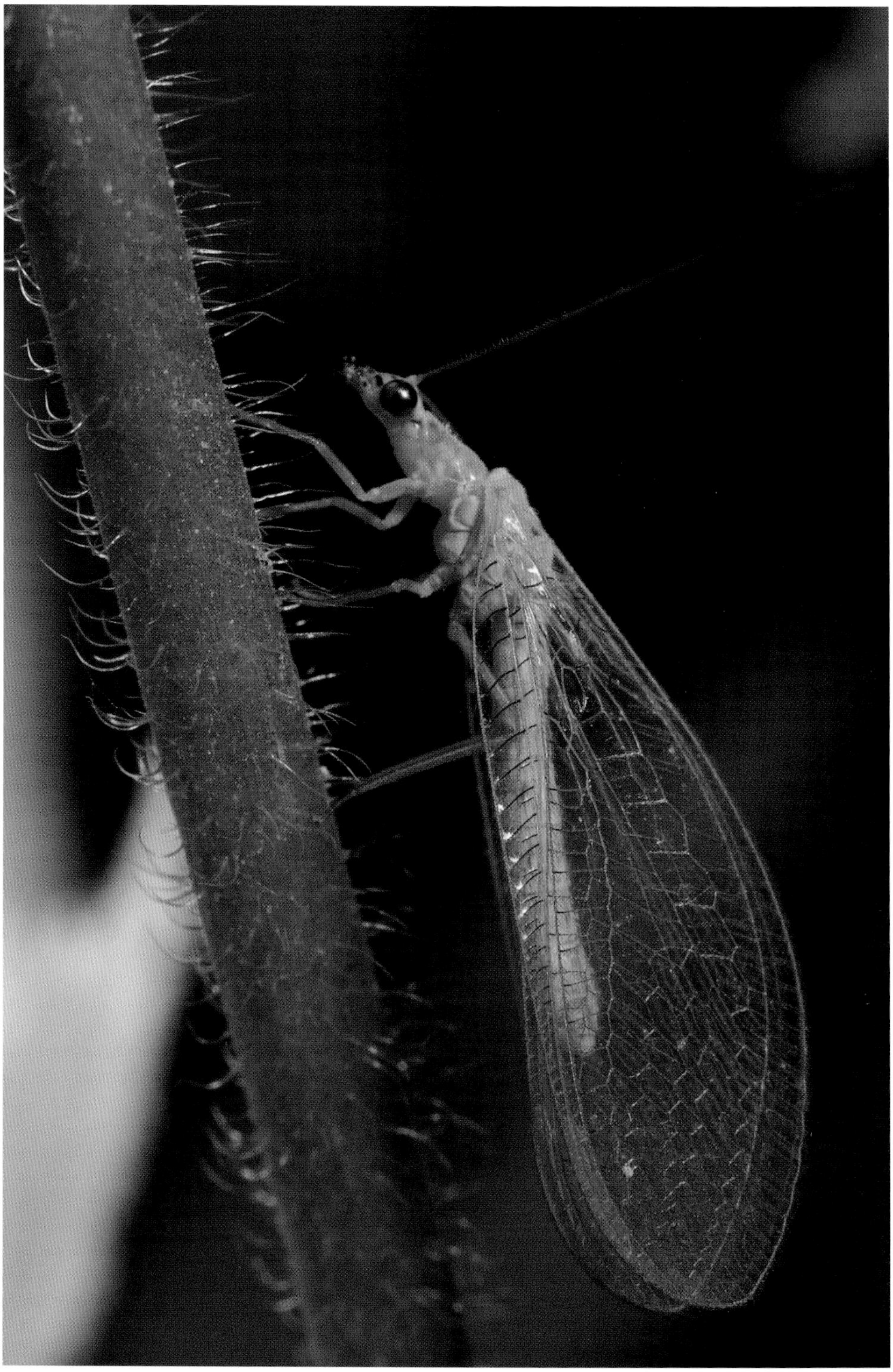

2020 年 8 月 30 日，成虫

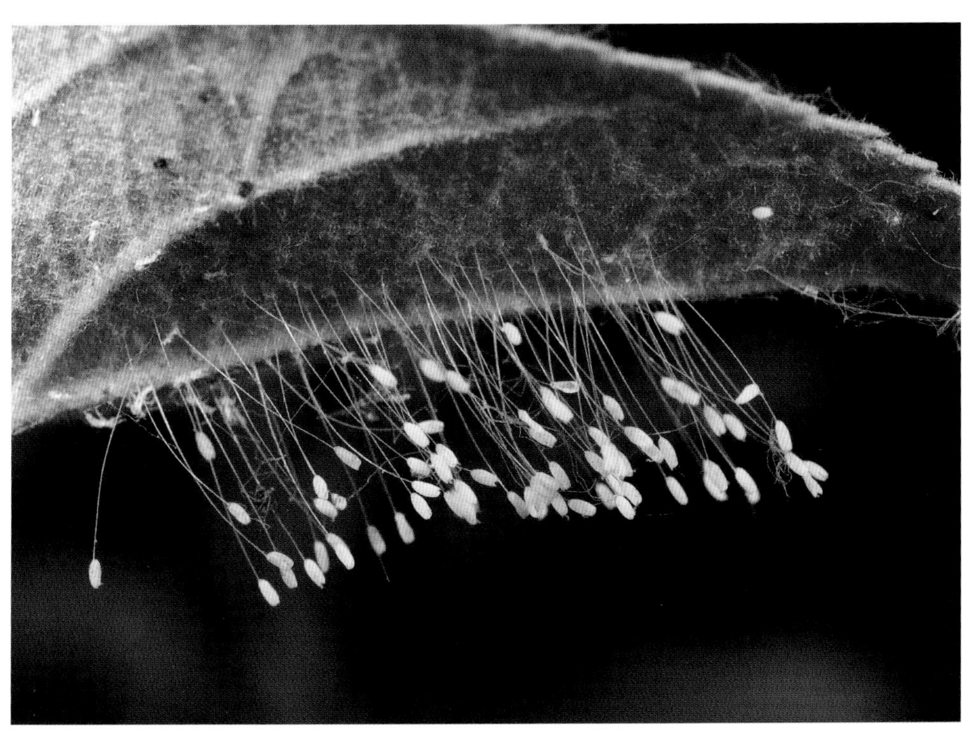
2021 年 6 月 13 日，卵

2018 年 5 月 29 日，初孵幼虫，金银花

2018 年 5 月 29 日，初孵幼虫，金银花

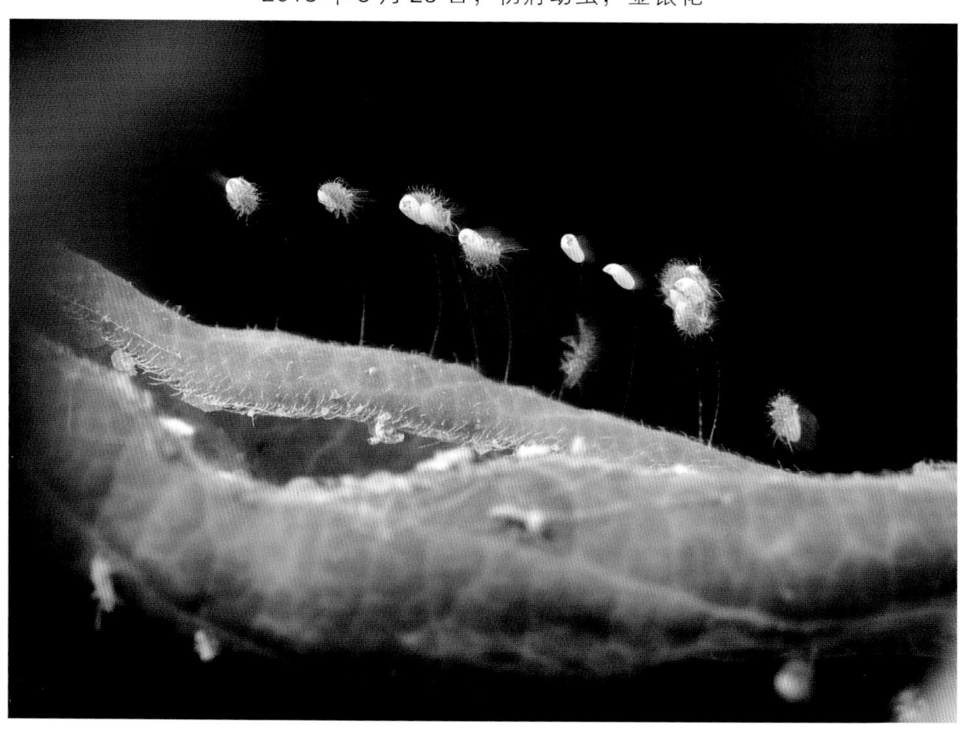

2018 年 5 月 29 日，初孵幼虫，金银花

2018 年 5 月 29 日，初孵幼虫，金银花

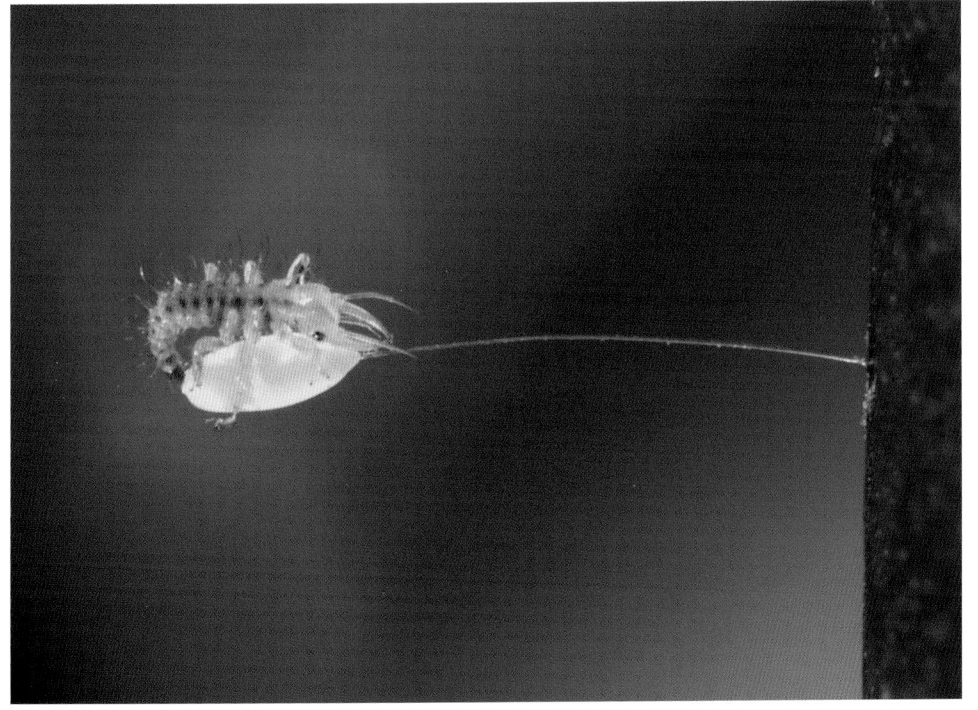

2020 年 7 月 18 日，初孵幼虫，金银花

2020 年 8 月 15 日，卵，辣椒

2020 年 8 月 15 日，卵，八宝景天

2020 年 8 月 15 日，卵，八宝景天

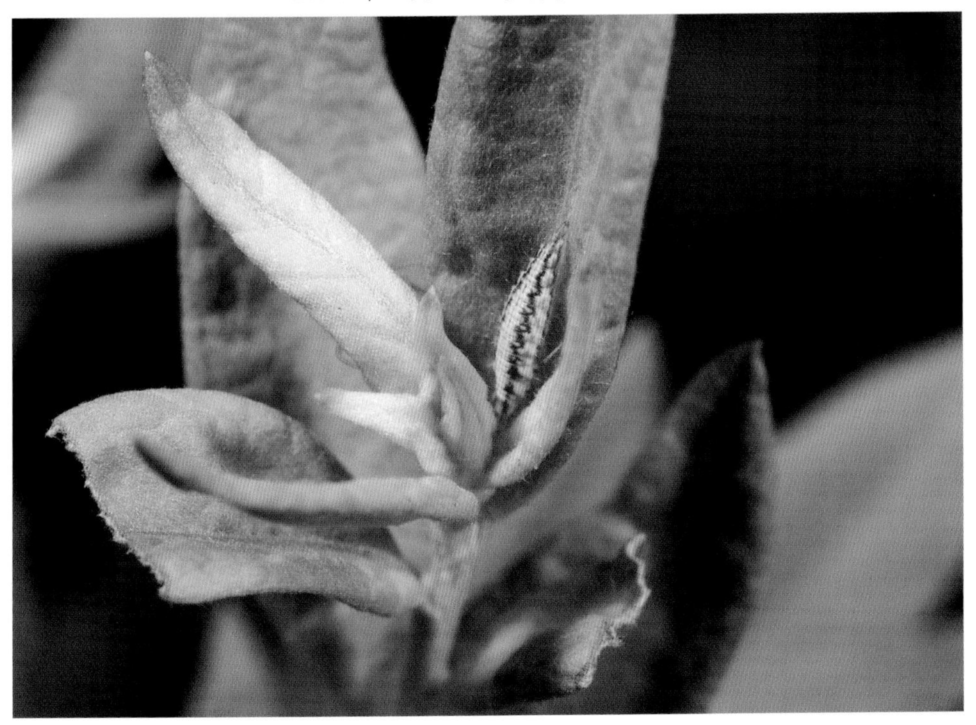

2020 年 9 月 13 日，幼虫

⑤⑤ 塔胡蜾蠃 *Jucancistrocerus tachkensis* (Dalla Torre)

2021 年 9 月 11 日，八宝景天

2021 年 9 月 11 日，八宝景天

2021 年 9 月 11 日，八宝景天

2021 年 9 月 11 日，八宝景天

56 中华马蜂 *Polistes chinensis* (Fabricius)

2021 年 9 月 11 日，八宝景天

2021 年 9 月 11 日，八宝景天

2015 年 5 月 2 日

2015 年 5 月 2 日

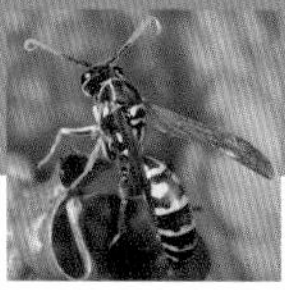

(57) 角马蜂 *Polistes antennalis* Perez

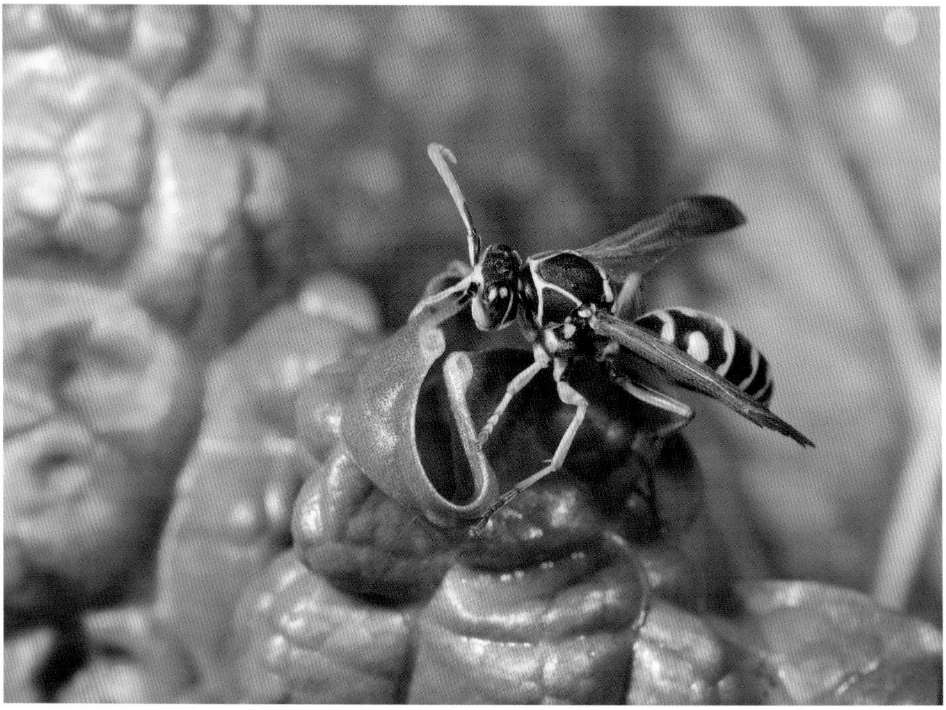

2021 年 10 月 3 日

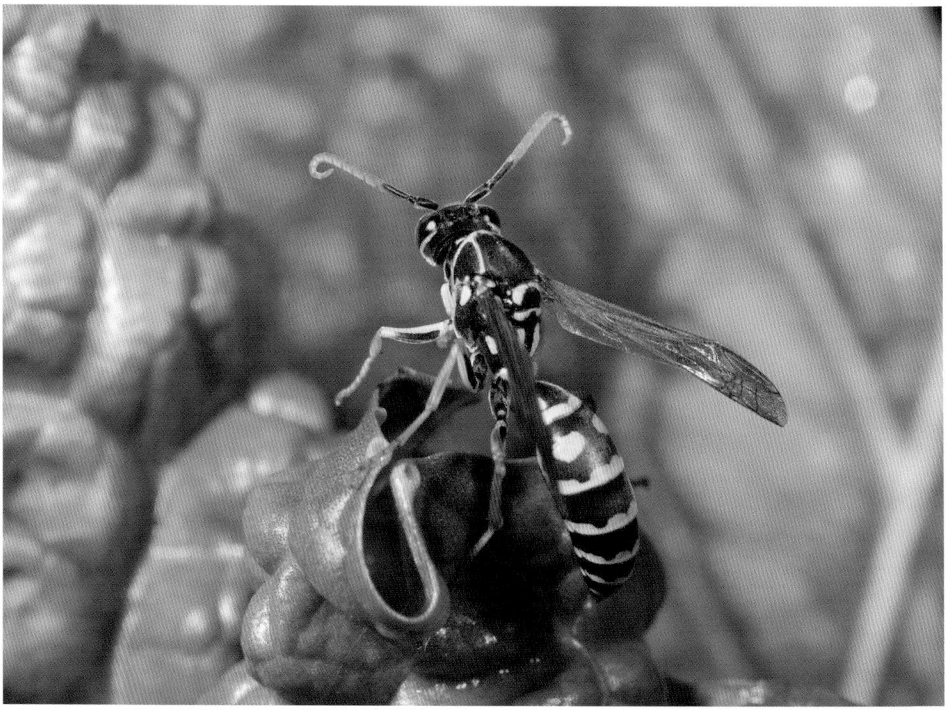

2021 年 10 月 3 日

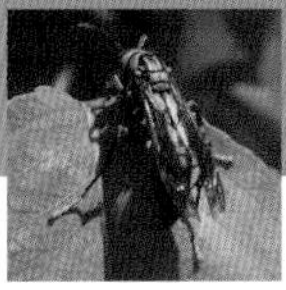

(58) 陆马蜂 *Polistes rothneyi* Cameron

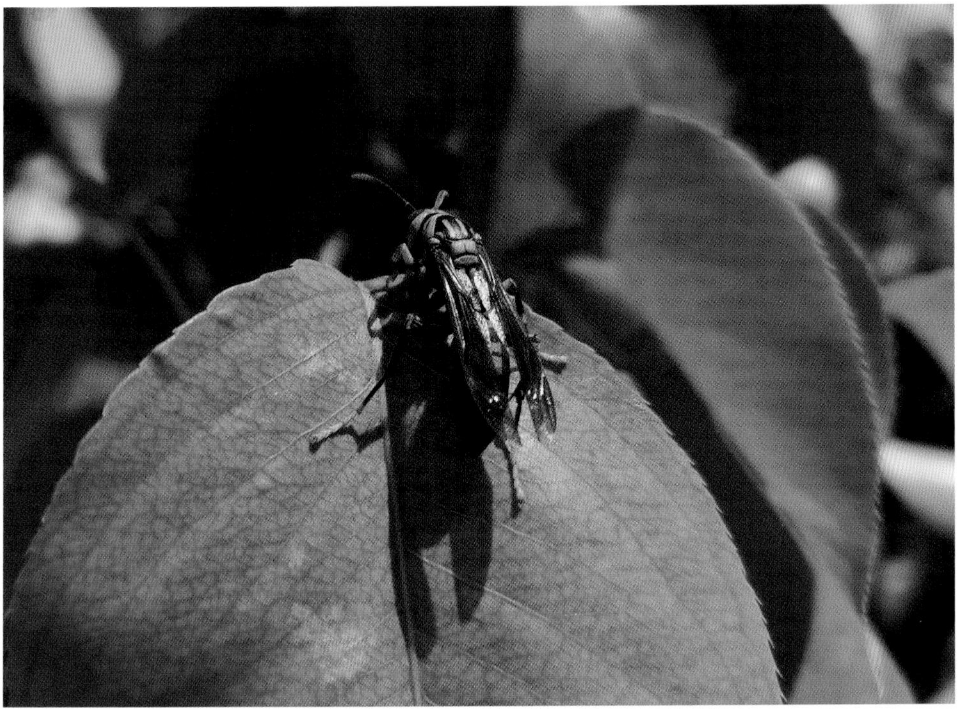

2021 年 5 月 2 日

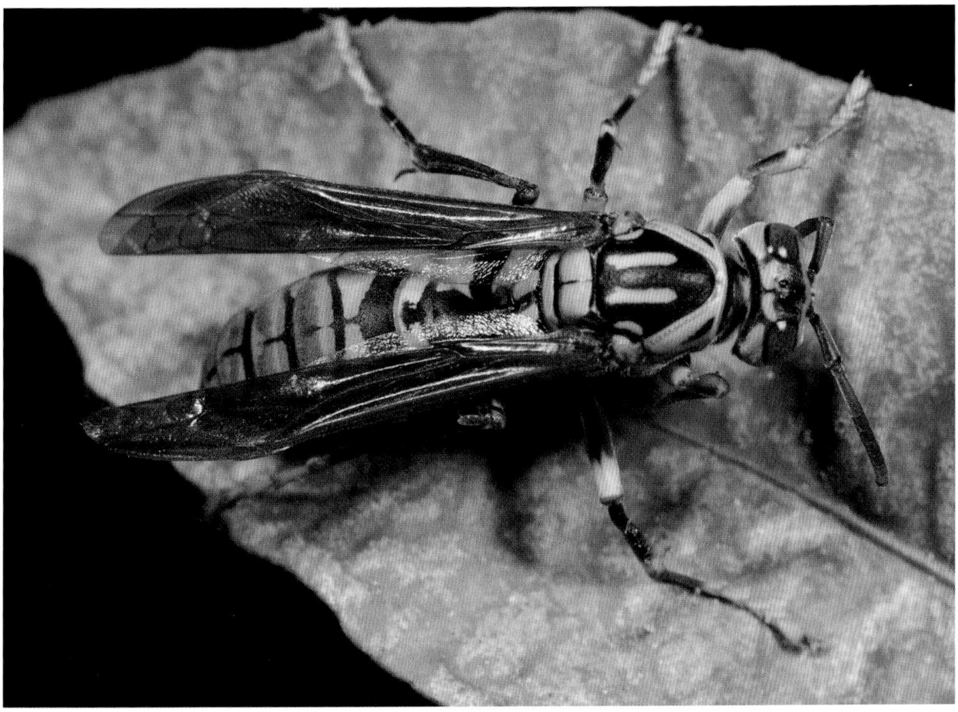

2021 年 5 月 4 日

昆虫

半翅目

鳞翅目

脉翅目

膜翅目 >

鞘翅目

蜻蜓目

双翅目

螳螂目

直翅目

蜘蛛

2021 年 5 月 4 日

2021 年 5 月 4 日

2021 年 5 月 4 日

2021 年 5 月 4 日

昆虫

半翅目

鳞翅目

脉翅目

膜翅目 >

鞘翅目

蜻蜓目

双翅目

螳螂目

直翅目

蜘蛛

2021 年 5 月 4 日

2021 年 5 月 4 日

2021 年 5 月 4 日

2021 年 5 月 4 日

2021 年 10 月 1 日

2021 年 10 月 1 日

59 黄边胡蜂 *Vespa crabro* Linnaeus

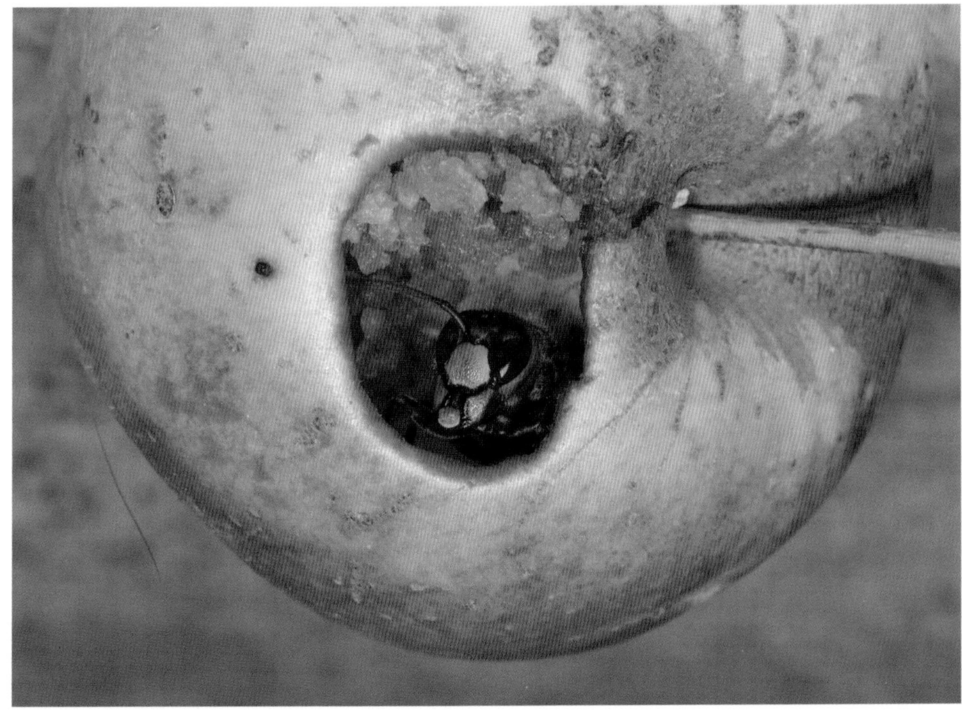

2019 年 8 月 25 日，苹果

2019 年 8 月 25 日，苹果

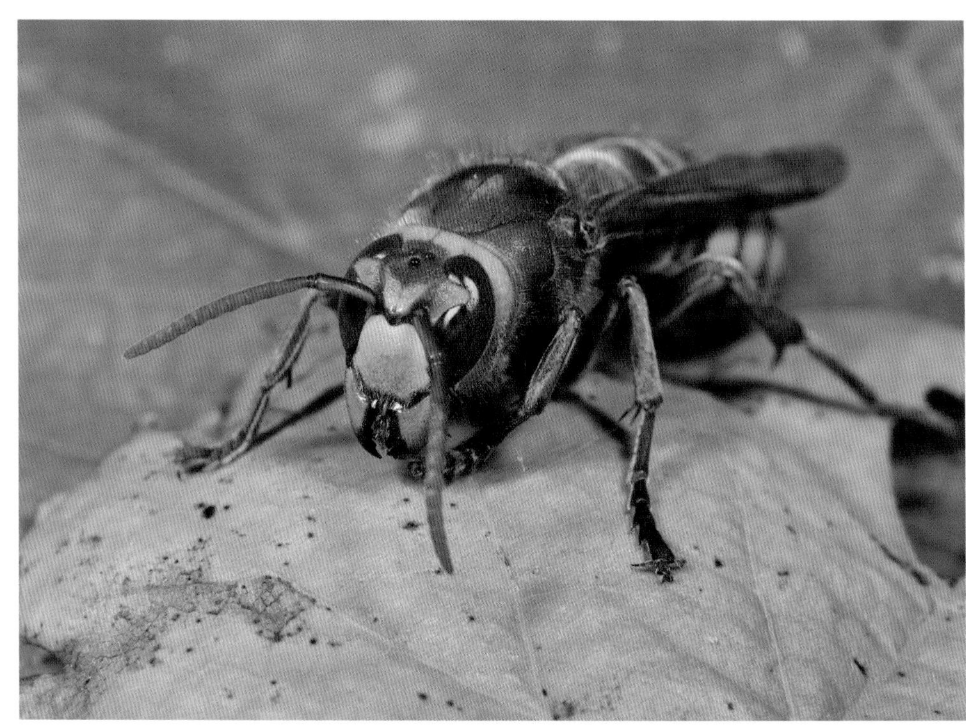

2021 年 8 月 28 日，葡萄

2021 年 8 月 28 日，葡萄

2020 年 8 月 29 日，葡萄

2020 年 8 月 29 日，葡萄

2020 年 8 月 29 日

2020 年 8 月 29 日

2021 年 7 月 18 日

2020 年 6 月 13 日

⑥⓪ 细黄胡蜂 *Vespula flaviceps* (Smith)

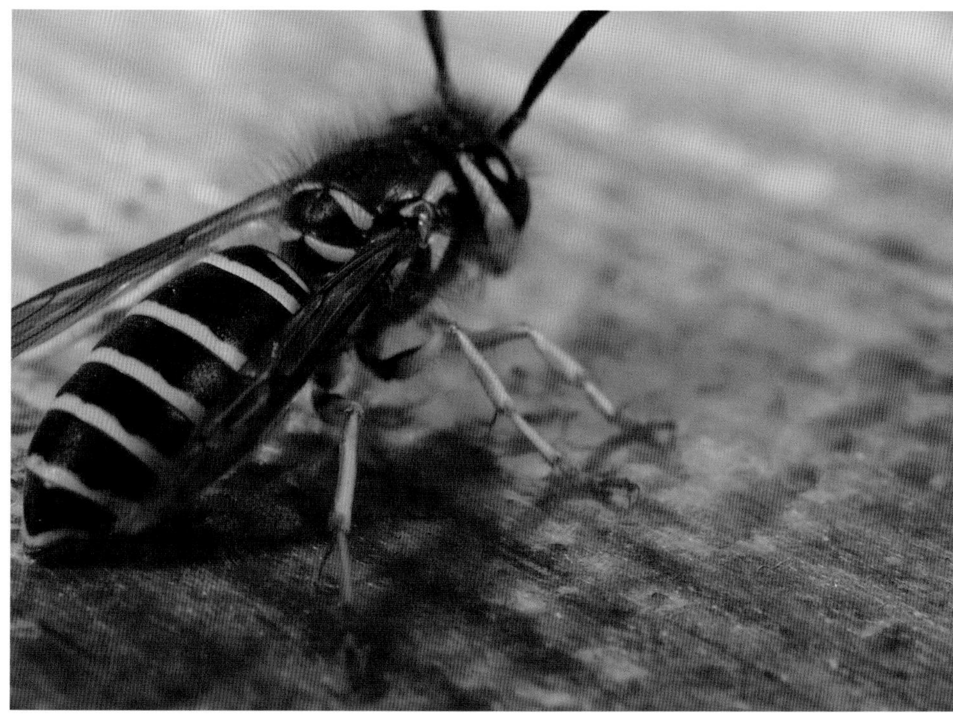

2021 年 10 月 1 日

2021 年 10 月 1 日

2021 年 10 月 3 日

⑥1 西方蜜蜂 *Apis mellifera* Linnaeus

2021 年 8 月 22 日，荷花

2021 年 8 月 22 日，荷花

2021 年 8 月 22 日，荷花

2021 年 8 月 22 日，荷花

2021 年 9 月 11 日，八宝景天

2021 年 8 月 28 日，八宝景天

2021 年 8 月 28 日，八宝景天

2021 年 10 月 2 日，荷兰菊

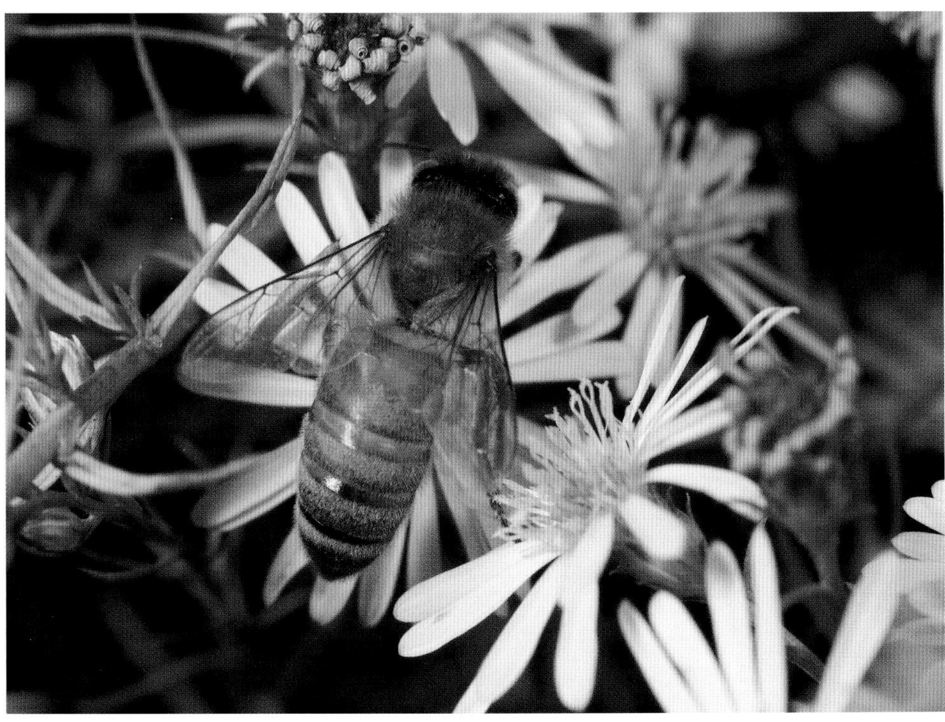

2021 年 10 月 2 日，荷兰菊

2021 年 10 月 2 日，荷兰菊

2021 年 10 月 2 日，荷兰菊

2020 年 8 月 29 日，韭菜

2020 年 8 月 29 日，韭菜

2020 年 8 月 15 日，山楂

2020 年 8 月 15 日，山楂

2021 年 8 月 22 日，紫花玉簪

2021 年 8 月 22 日，紫花玉簪

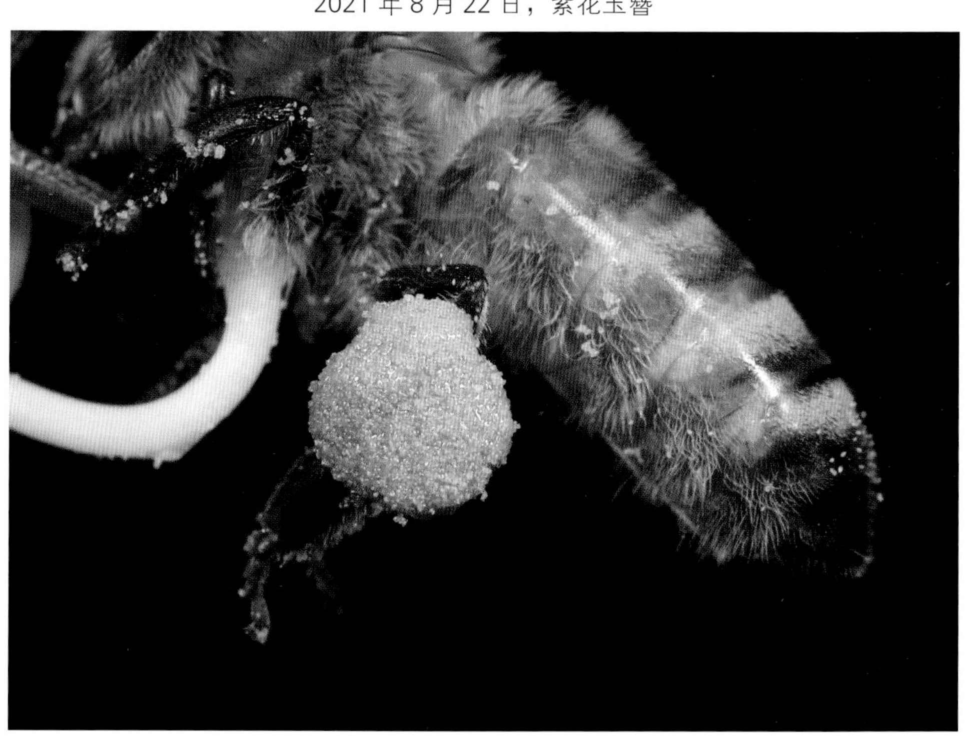

2021 年 8 月 22 日，紫花玉簪

2021 年 10 月 2 日，紫苏

2020 年 9 月 13 日，葫芦

昆虫

半翅目

鳞翅目

脉翅目

膜翅目 >

鞘翅目

蜻蜓目

双翅目

螳螂目

直翅目

蜘蛛

2020 年 9 月 26 日，连翘

2020 年 9 月 13 日，南瓜

2021 年 8 月 22 日

2020 年 9 月 13 日

2017 年 5 月 28 日

2020 年 8 月 15 日

⑥② 短尾尖腹蜂 *Coelioxys brevicaudata* Friese

2021 年 7 月 3 日

2021 年 7 月 3 日

2021 年 7 月 3 日

2021 年 7 月 3 日

2021 年 7 月 3 日

⑥③ 隧蜂 *Halictus* sp.

2021 年 10 月 2 日

2021 年 10 月 2 日

2021 年 10 月 2 日

⑭ 淡脉隧蜂 *Lasioglossum* sp.

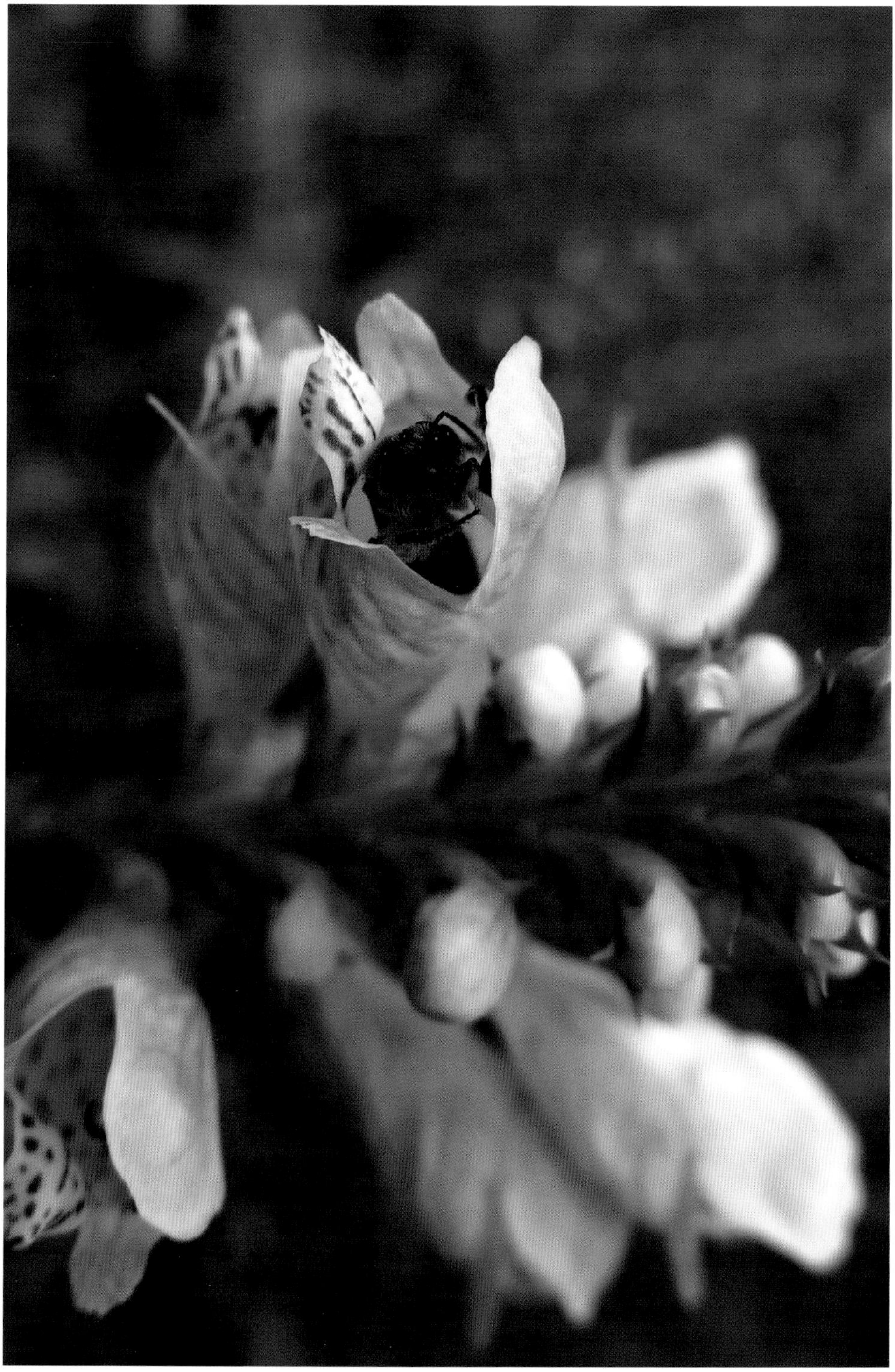

2017 年 7 月 23 日

⑥⑤ 粗切叶蜂 *Megachile sculpturalis* Smith

2021 年 7 月 3 日

2021 年 7 月 3 日

2021 年 7 月 3 日

2021 年 7 月 3 日

⑥⑥ 青岛切叶蜂 *Megachile tsingtauensis* Strand

2020 年 8 月 15 日

2020 年 8 月 15 日

⑥⑦ 山斑大头泥蜂 *Philanthus triangulum* (Fabricium)

2017 年 10 月 28 日

⑱ 黄胸木蜂 *Xylocopa appendiculata* Smith

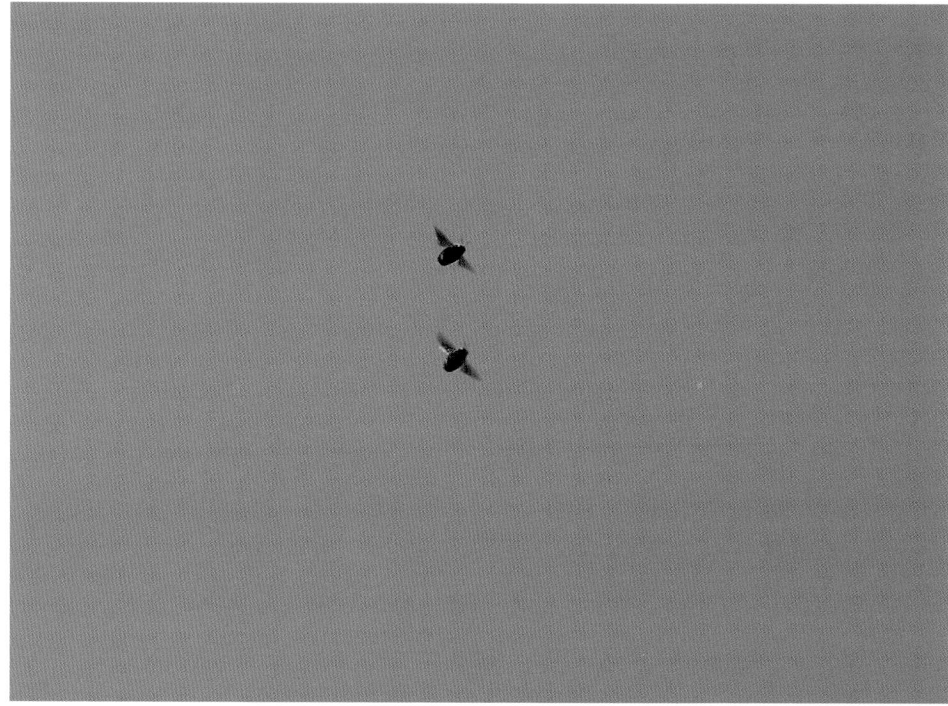

2019 年 4 月 14 日

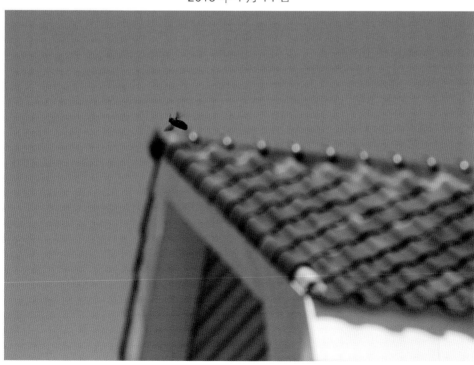

2019 年 4 月 14 日

2019 年 4 月 14 日

2019 年 4 月 14 日

2021 年 7 月 18 日，荷花

2021 年 7 月 18 日，荷花

2021 年 7 月 18 日，荷花

2021 年 7 月 18 日，荷花

2021 年 7 月 18 日，荷花

2021 年 7 月 18 日，荷花

2021 年 7 月 18 日，荷花

2021 年 7 月 18 日，荷花

2020 年 5 月 24 日，金银花

2020 年 5 月 24 日，金银花

2020 年 5 月 24 日，金银花

2020 年 5 月 24 日，金银花

2020 年 5 月 24 日，金银花

2020 年 5 月 24 日，金银花

2020 年 5 月 24 日，金银花

2020 年 5 月 24 日，金银花

2020 年 5 月 24 日，金银花

2020 年 5 月 24 日，金银花

⑥⑨ 青绿突背青蜂 *Stilbum cyanurum* (Forester)

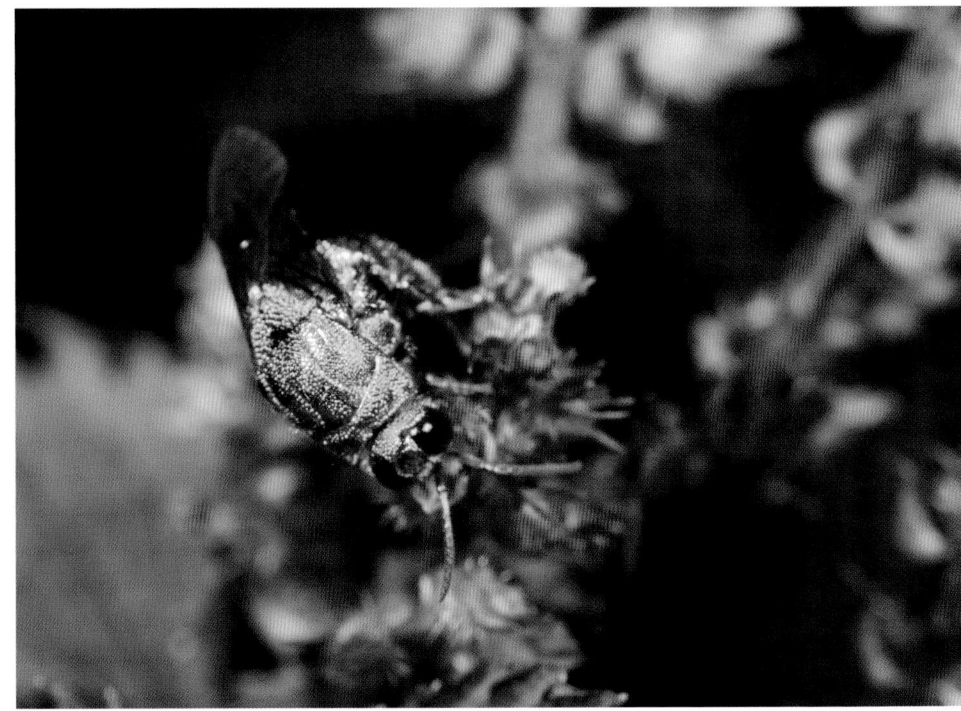

2021 年 10 月 2 日，紫苏

2021 年 10 月 2 日，紫苏

⑦⓪ 玫瑰三节叶蜂 *Arge pagana* Panzer

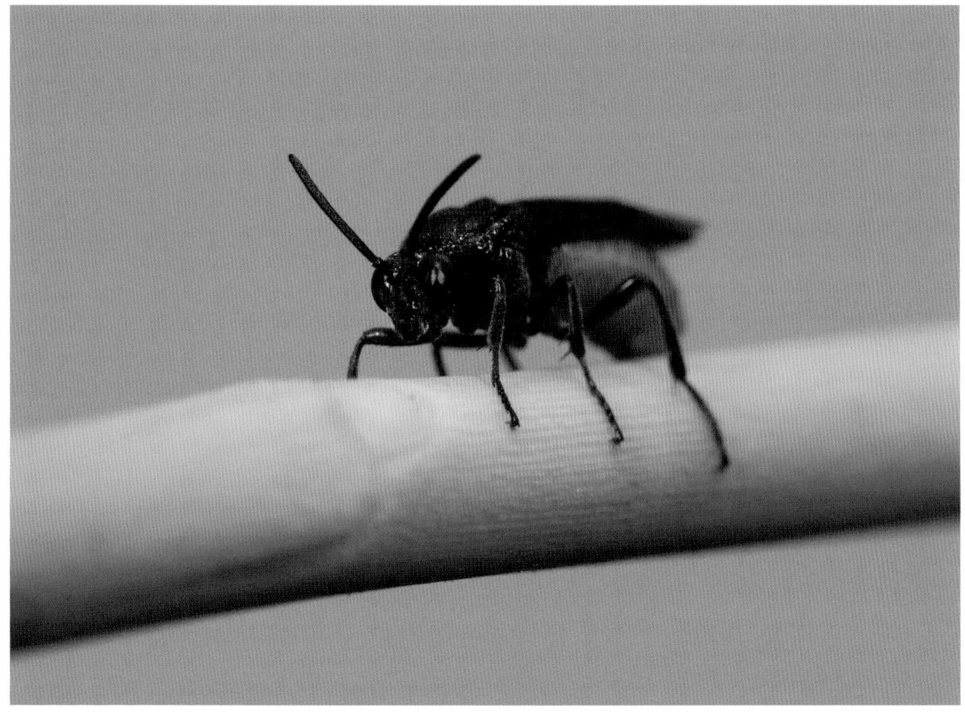

2019 年 8 月 25 日，成虫

2021 年 10 月 2 日，幼虫，月季

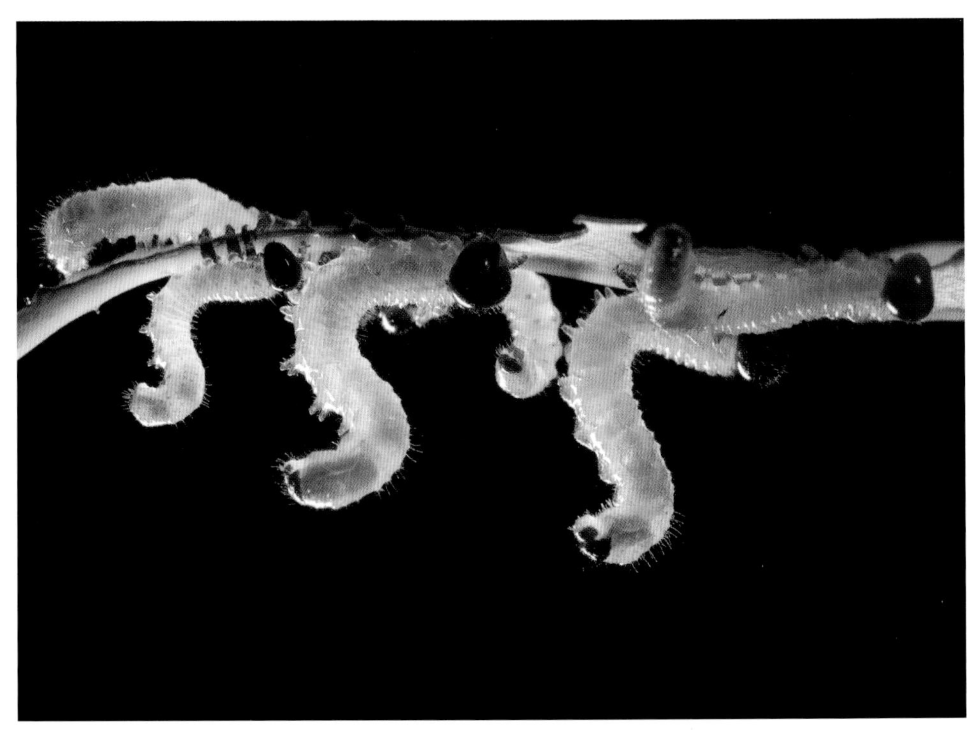

2021 年 9 月 11 日，幼虫，月季

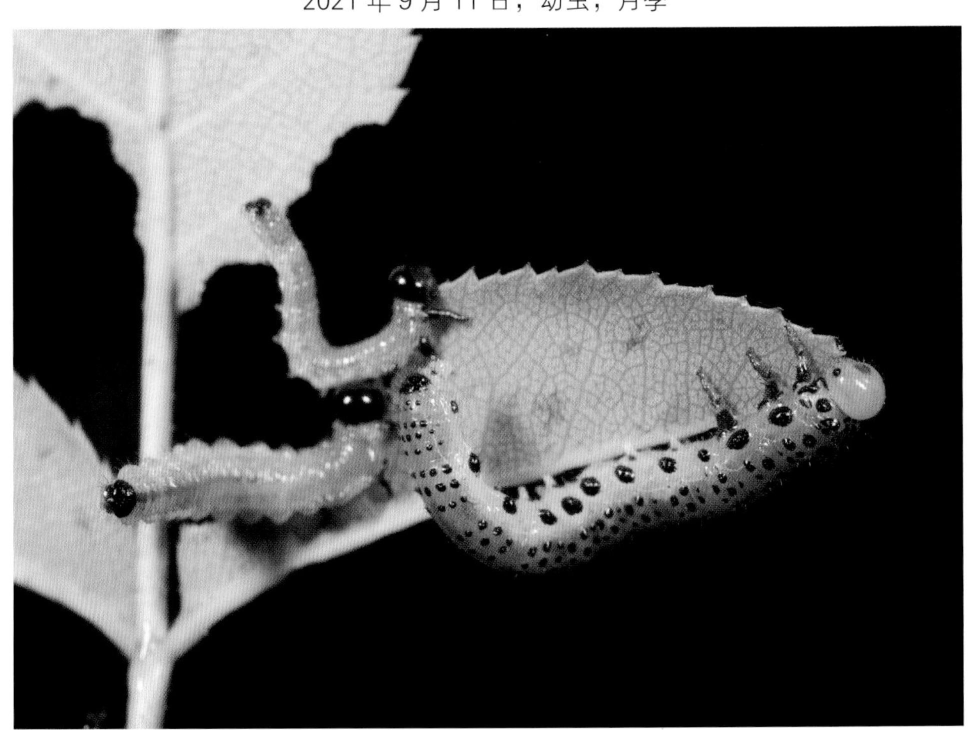

2021 年 10 月 2 日，幼虫，月季

2021 年 9 月 11 日，幼虫，月季

2021 年 10 月 2 日，幼虫，月季

2021 年 10 月 2 日，幼虫，月季

2021 年 10 月 2 日，幼虫，月季

⑦① 宽脸褶翅蜂 *Gasteruption sinarum* Kieffer

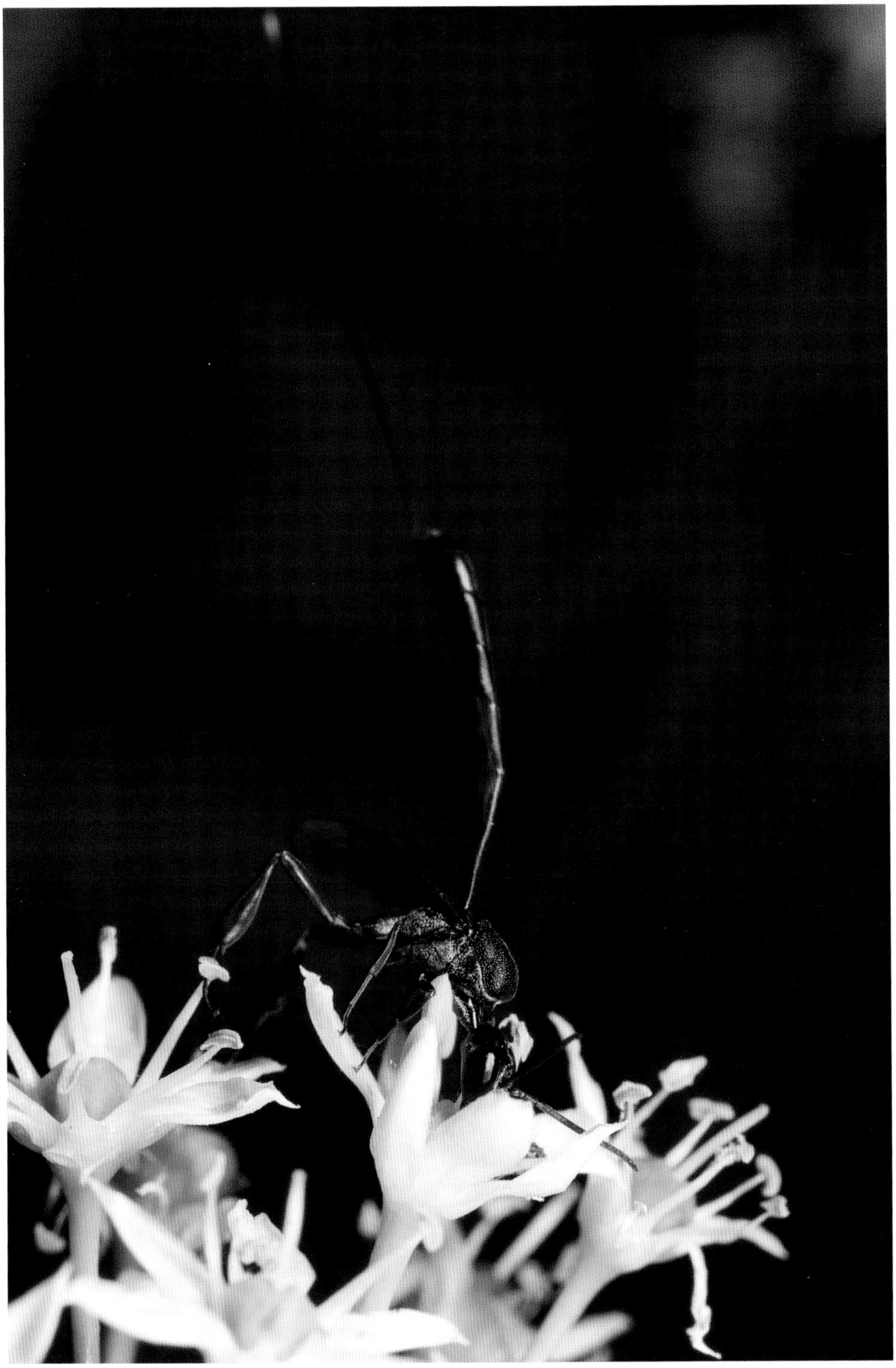

2020 年 9 月 12 日，韭菜花

⑫ 日本弓背蚁 *Camponotus japonicus* Mayr

2021 年 6 月 20 日，凌霄

2021 年 6 月 20 日，凌霄

2021 年 6 月 20 日，凌霄

2021 年 6 月 20 日，凌霄

2021 年 10 月 2 日

2021 年 8 月 29 日，凌霄

2020 年 7 月 18 日，凌霄

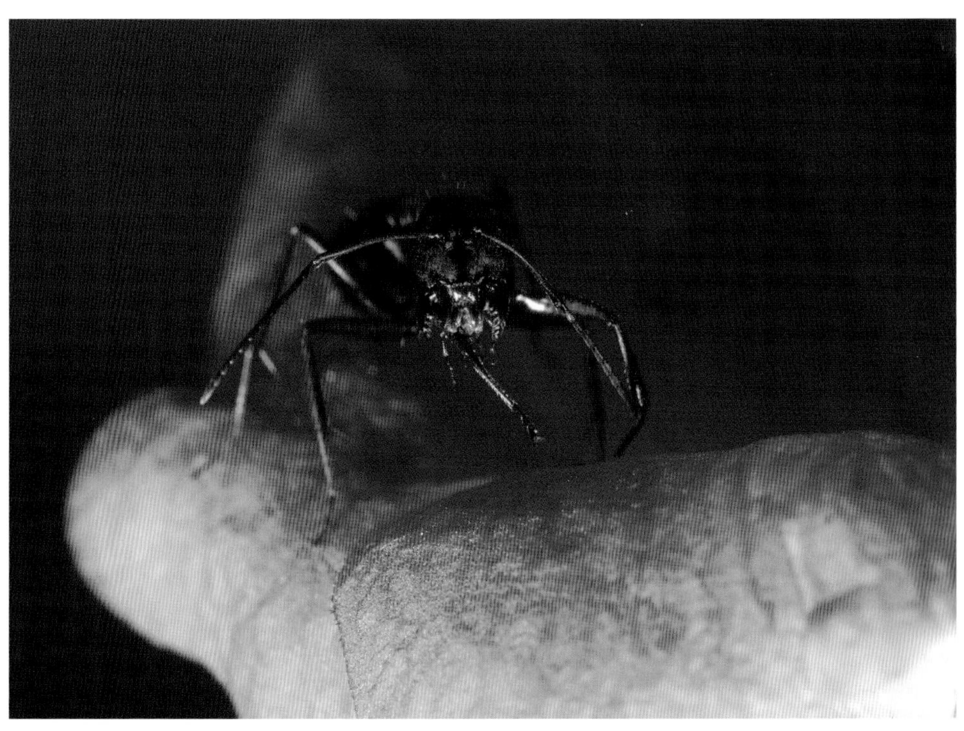

2021 年 6 月 20 日，凌霄花

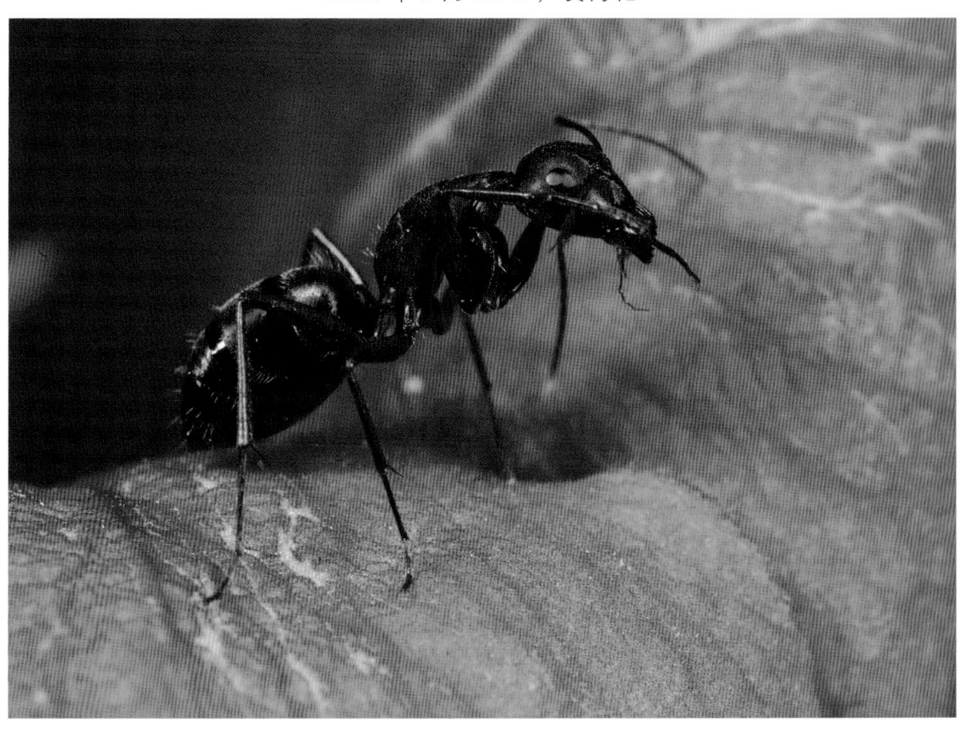

2021 年 6 月 20 日，凌霄花

2020 年 8 月 15 日，国槐，金雀花蚜

2020 年 8 月 15 日，国槐，金雀花蚜

昆虫 / 膜翅目 Hymenoptera /

⑬ 掘穴蚁 *Formica cunicularia* Latreille

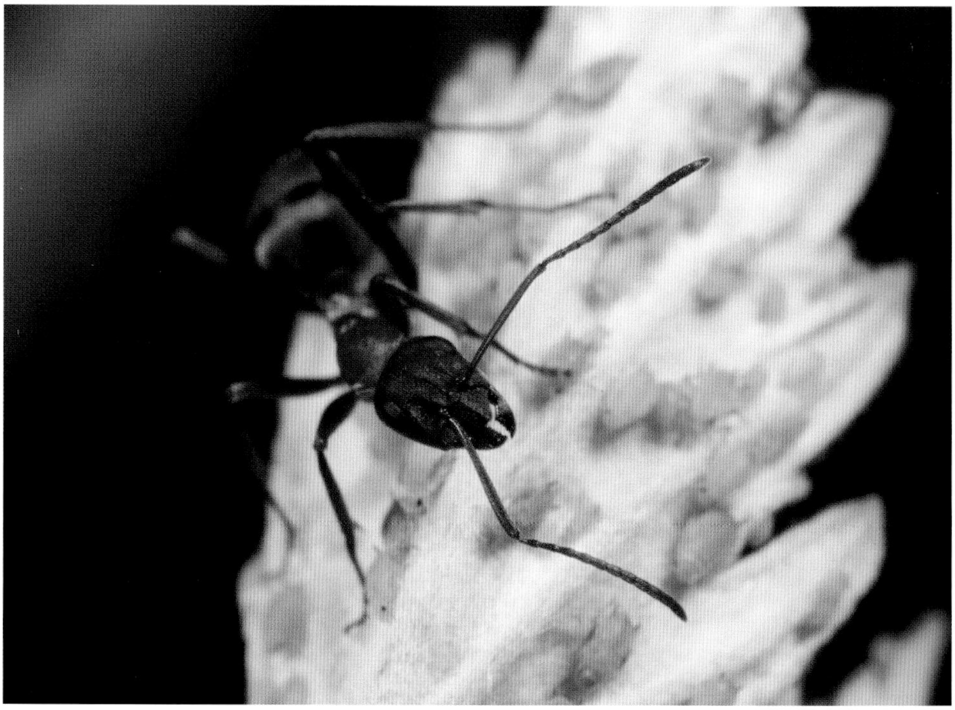

2020 年 8 月 15 日，艾蒿，艾蚜

2020 年 8 月 15 日，艾蒿，艾蚜

2020 年 8 月 15 日，艾蒿，艾蚜

2020 年 5 月 1 日

2020 年 5 月 1 日

2020 年 5 月 1 日

2020 年 5 月 1 日

2020 年 5 月 1 日

2020 年 5 月 1 日

2020 年 5 月 1 日

2020 年 7 月 18 日，大个黑色为日本弓背蚁

2020 年 7 月 18 日，大个黑色为日本弓背蚁

㉔ 上海举腹蚁 *Crematogaster zoceensis* Santschi

2020 年 8 月 2 日

2020 年 8 月 2 日

⑦⑤ 满斜结蚁 *Plagiolepis manczshurica* Ruzsky

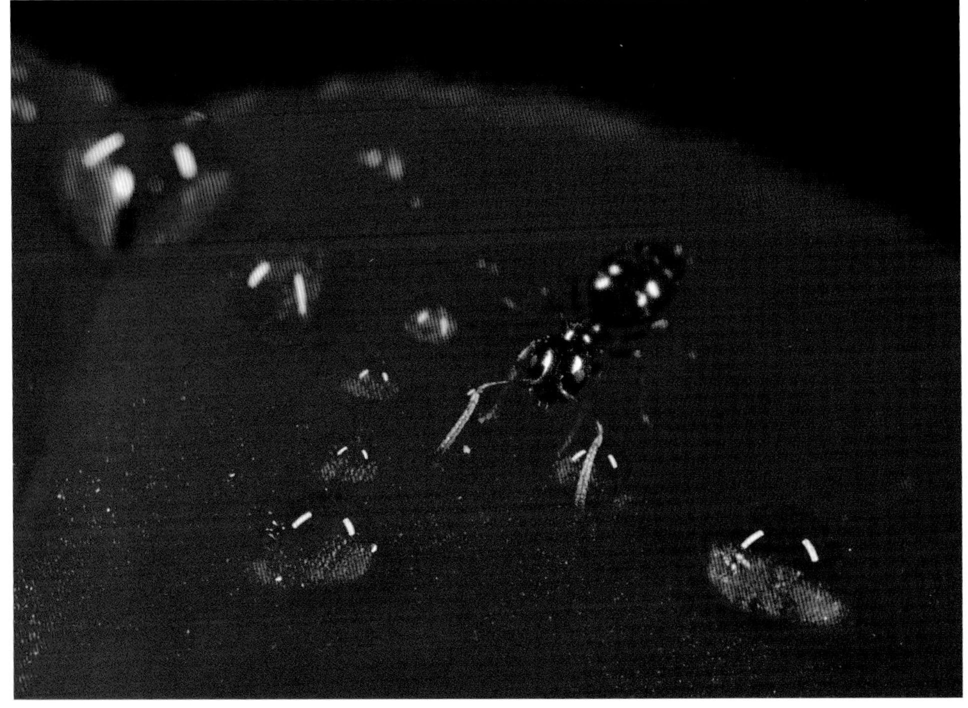

2020 年 9 月 13 日，喇叭花

2020 年 9 月 13 日，喇叭花

⑯ 铺道蚁 *Tetramorium caespitum* (Linnaeus)

2021 年 5 月 22 日，海棠

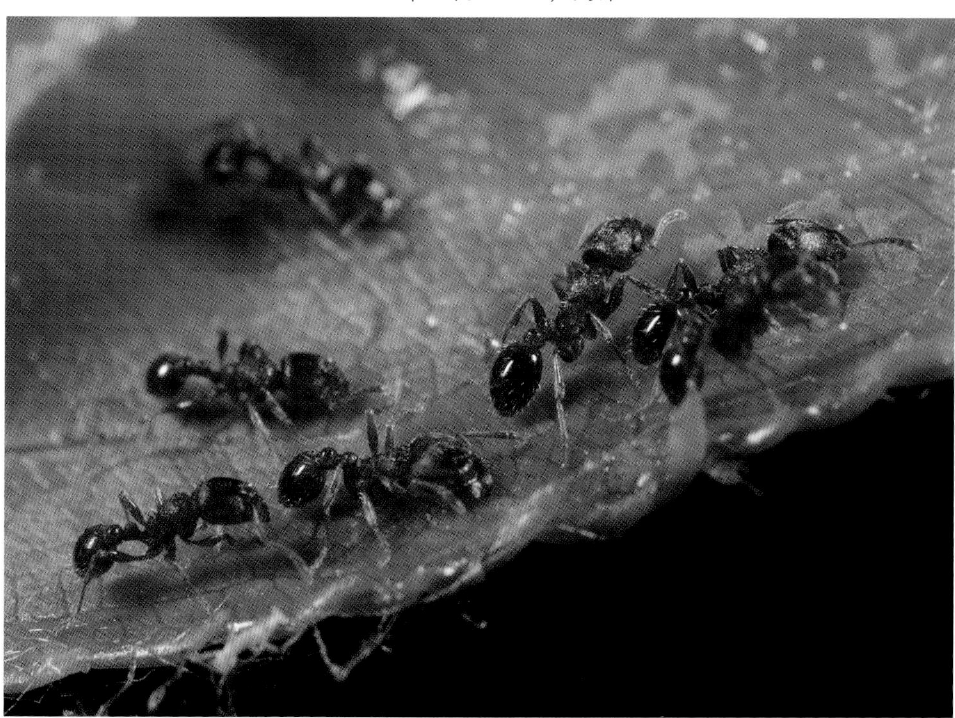

2021 年 5 月 22 日，海棠

2021 年 5 月 22 日，海棠

2021 年 5 月 22 日，海棠，绣线菊蚜

2021 年 5 月 22 日，海棠，绣线菊蚜

2021 年 5 月 22 日，海棠，绣线菊蚜

⑦⑦ 棕翅粗角跳甲 *Phygasia fulvipennis* (Baly)

2021 年 5 月 22 日

2020 年 5 月 10 日

2020 年 5 月 10 日

2020 年 5 月 10 日

2020 年 5 月 10 日

2020 年 5 月 10 日

⑱ 黄褐丽金龟 *Anomala exoleta* Fald

2021 年 6 月 20 日

2021 年 6 月 20 日

2021 年 6 月 20 日，头部

2021 年 6 月 20 日，触角

⑲ 小青花金龟 *Gametis jucunda* (Faldermann)

2016 年 4 月 17 日

2017 年 6 月 25 日

2017 年 6 月 25 日

2017 年 6 月 25 日

⑧⓪ 萝藦肖叶甲 *Chrysochus pulcher* (Baly)

2017 年 5 月 28 日，萝藦

2017 年 5 月 28 日，萝藦

2017 年 5 月 28 日，萝藦

2017 年 5 月 28 日，萝藦

2017 年 5 月 28 日，萝藦

⑧1 榆黄叶甲 *Pyrrhalta maculicollis* (Motschulsky)

2020 年 9 月 26 日，榆树

2020 年 9 月 26 日，榆树

㉜ 黑缘红瓢虫 *Chilocorus rubldus* Hope

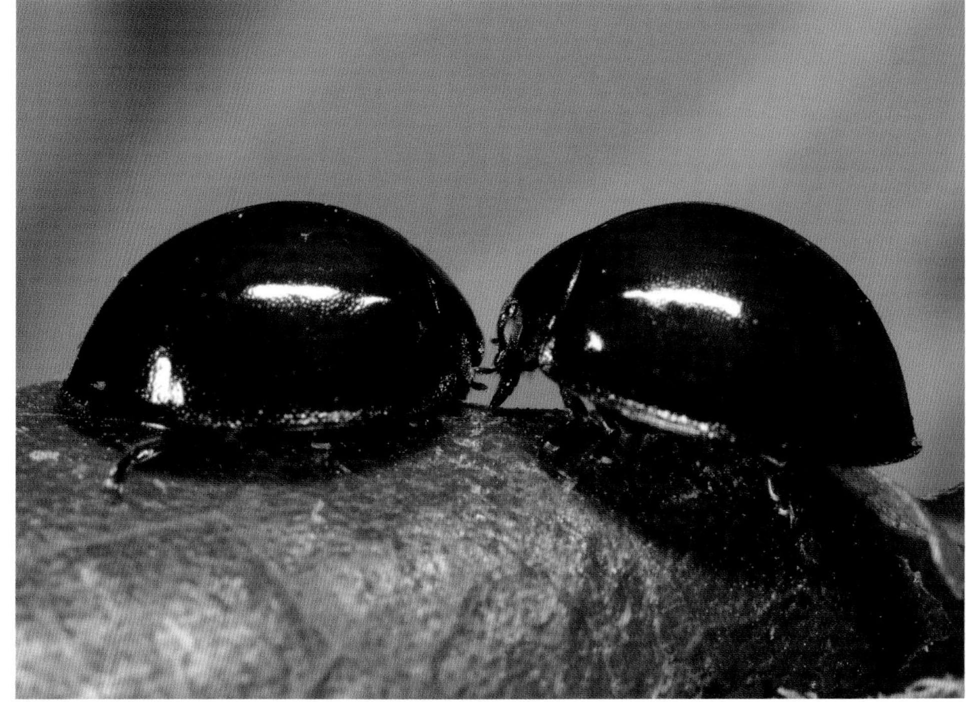

2020 年 8 月 30 日，成虫

2015 年 5 月 9 日，幼虫

2015 年 5 月 9 日，幼虫

2015 年 5 月 9 日，幼虫

昆虫

半翅目

鳞翅目

脉翅目

膜翅目

鞘翅目 >

蜻蜓目

双翅目

螳螂目

直翅目

蜘蛛

2015 年 5 月 9 日，幼虫

83 多异瓢虫 *Adonia variegata* (Goeze)

2020 年 5 月 10 日，成虫

2020 年 5 月 10 日，成虫

2020 年 5 月 10 日，成虫

2020 年 5 月 10 日，成虫

2020 年 5 月 10 日，幼虫

2020 年 5 月 10 日，幼虫

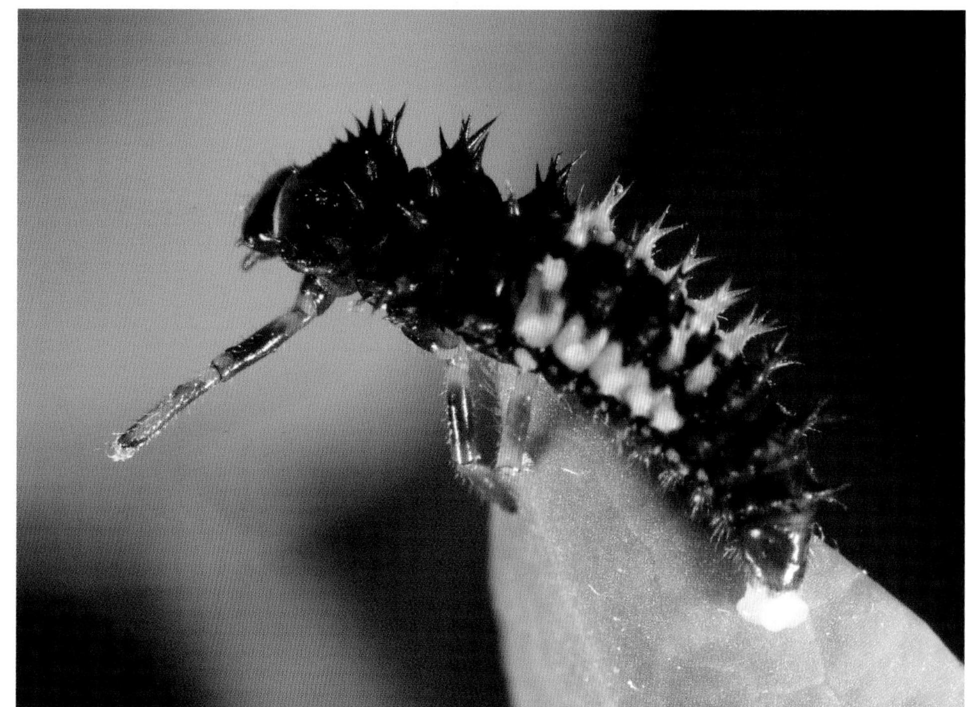

2020 年 5 月 10 日，幼虫

2020 年 5 月 10 日，幼虫

84 异色瓢虫 *Harmonia axyridis* (Pallas)

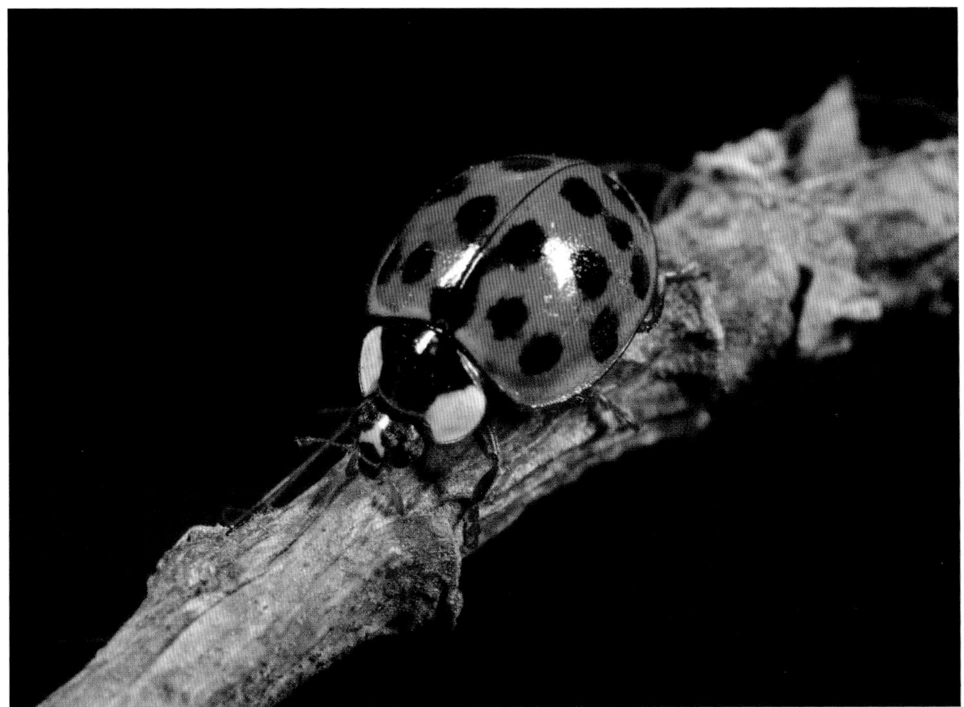

2019 年 4 月 6 日，成虫

2019 年 4 月 6 日，成虫

2019 年 5 月 2 日，成虫

2019 年 5 月 2 日，成虫

2018 年 4 月 10 日，成虫

2020 年 10 月 4 日，成虫和蛹壳

2015 年 4 月 26 日，卵

2015 年 5 月 2 日，幼虫

2015 年 5 月 2 日，幼虫

⑧5 茄二十八星瓢虫 *Henosepilachna vigintioctopunctata* (Fabricius)

2017 年 5 月 28 日，成虫

2017 年 5 月 28 日，成虫

2020 年 7 月 18 日，成虫

2020 年 7 月 18 日，成虫

2020 年 7 月 18 日，卵

2020 年 7 月 18 日，初龄幼虫

2020 年 7 月 18 日，老龄幼虫

⑧⑥ 龟纹瓢虫 *Propylaea japonica* (Thunberg)

2019 年 9 月 22 日

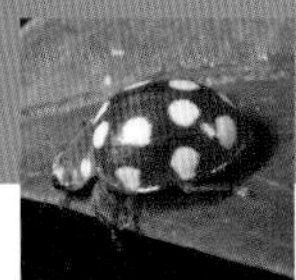

87 十二斑褐菌瓢虫 *Vibidia duodecimguttata* (Poda)

2021 年 10 月 3 日

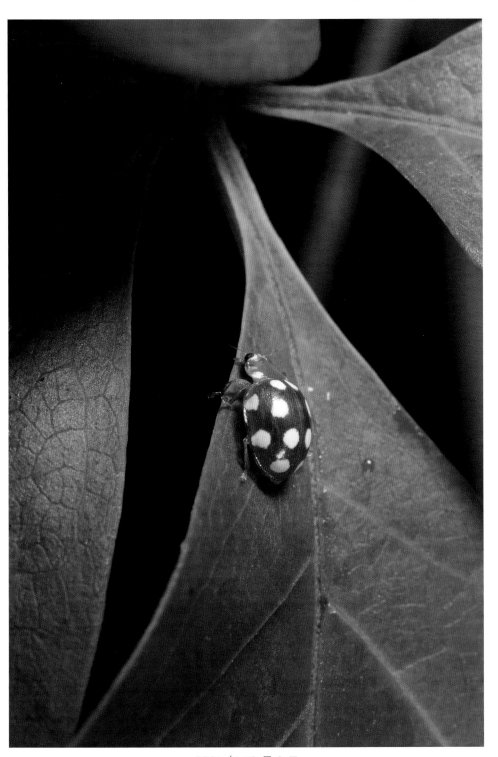

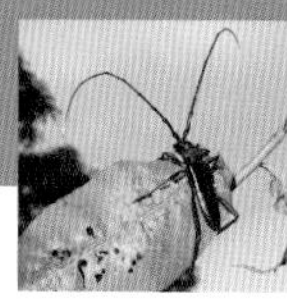

88 桃红颈天牛 *Aromia bungii* (Faldermann)

2016 年 8 月 1 日，桃树

2016 年 8 月 1 日，桃树

2016 年 8 月 1 日，桃树

2016 年 8 月 1 日，桃树

2016 年 8 月 1 日，桃树

⑧⑨ 麻竖毛天牛 *Thyestilla gebleri* (Faldermann)

2021 年 7 月 3 日

2021 年 7 月 3 日

2021 年 7 月 3 日

2021 年 7 月 3 日

90 双斑锦天牛 *Acalolepta sublusca* (Thomson)

2014 年 3 月 8 日，危害状，大叶黄杨

2014 年 3 月 8 日，幼虫，大叶黄杨

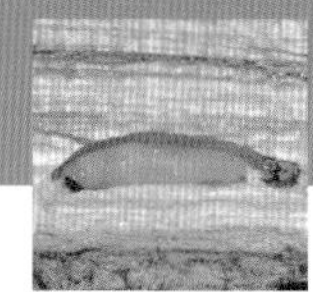

91 合欢窄吉丁 *Agrilus viduus* Kerremans

2014 年 3 月 29 日，成虫和幼虫，合欢

2014 年 3 月 23 日，幼虫，合欢

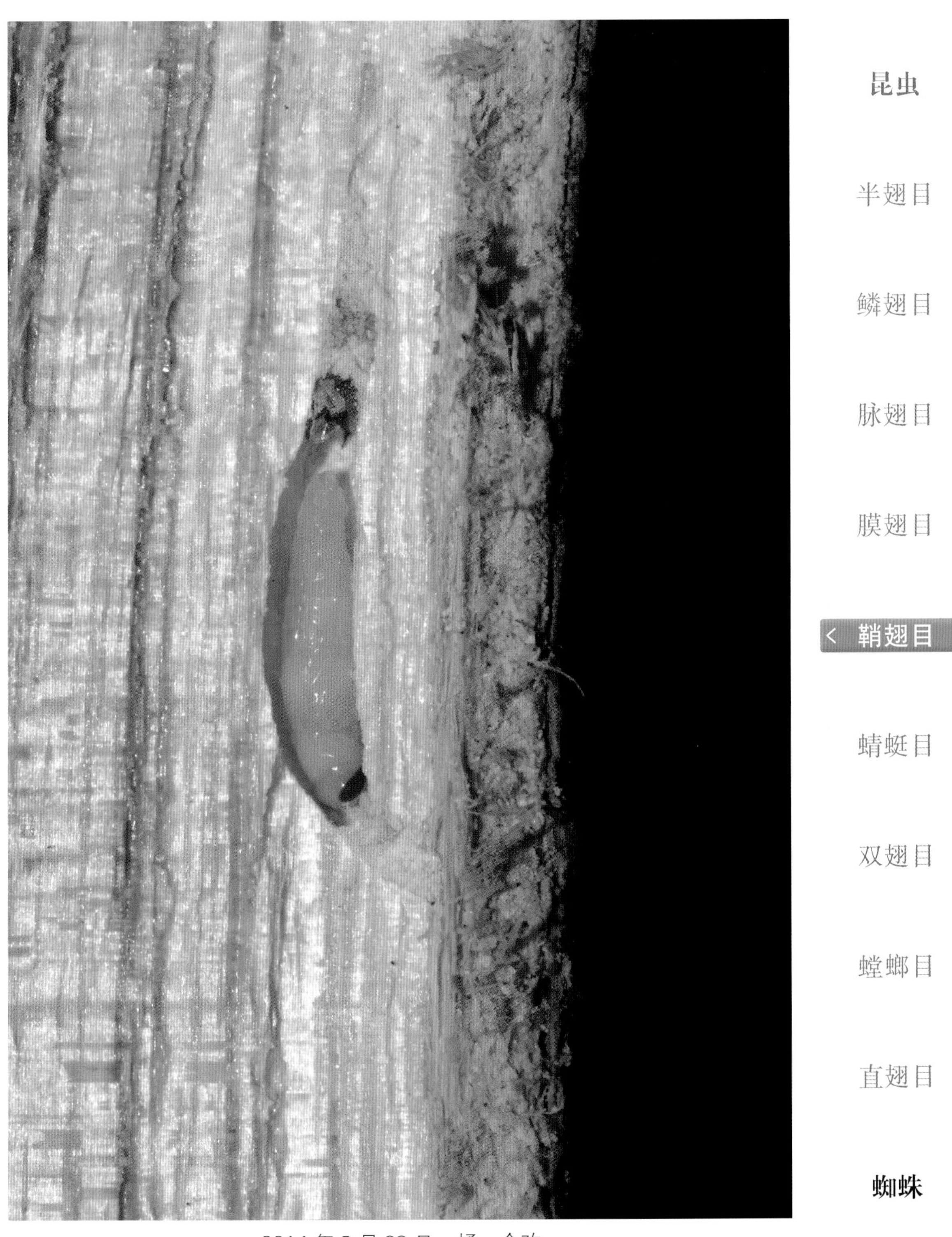

2014 年 3 月 23 日，蛹，合欢

㉜ 圆筒筒喙象 *Lixus mandaranus fukienensis* Voss

2021 年 10 月 2 日，蒿

2020 年 8 月 15 日，茄子

2020 年 8 月 15 日，茄子

2020 年 8 月 15 日，茄子

昆虫

半翅目

鳞翅目

脉翅目

膜翅目

鞘翅目 >

蜻蜓目

双翅目

螳螂目

直翅目

蜘蛛

2020 年 8 月 15 日，茄子

2020 年 8 月 15 日，茄子

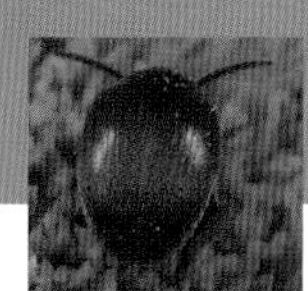

⑨③ 牵牛豆象 *Spermophagus sericeus* (Geoffroy)

2020 年 9 月 26 日，蒲公英

2020 年 9 月 26 日，蒲公英

昆虫

半翅目

鳞翅目

脉翅目

膜翅目

鞘翅目 >

蜻蜓目

双翅目

螳螂目

直翅目

蜘蛛

2020 年 9 月 26 日，蒲公英

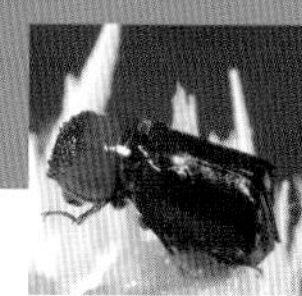

94 洁长棒长蠹 *Xylothrips cathaicus* Reichardt

2015 年 5 月 2 日，栾树

2015 年 5 月 2 日，栾树

2015 年 5 月 2 日，栾树

2015 年 5 月 2 日，栾树

2015 年 5 月 2 日，栾树

2015 年 5 月 2 日，栾树

2015 年 5 月 2 日，栾树

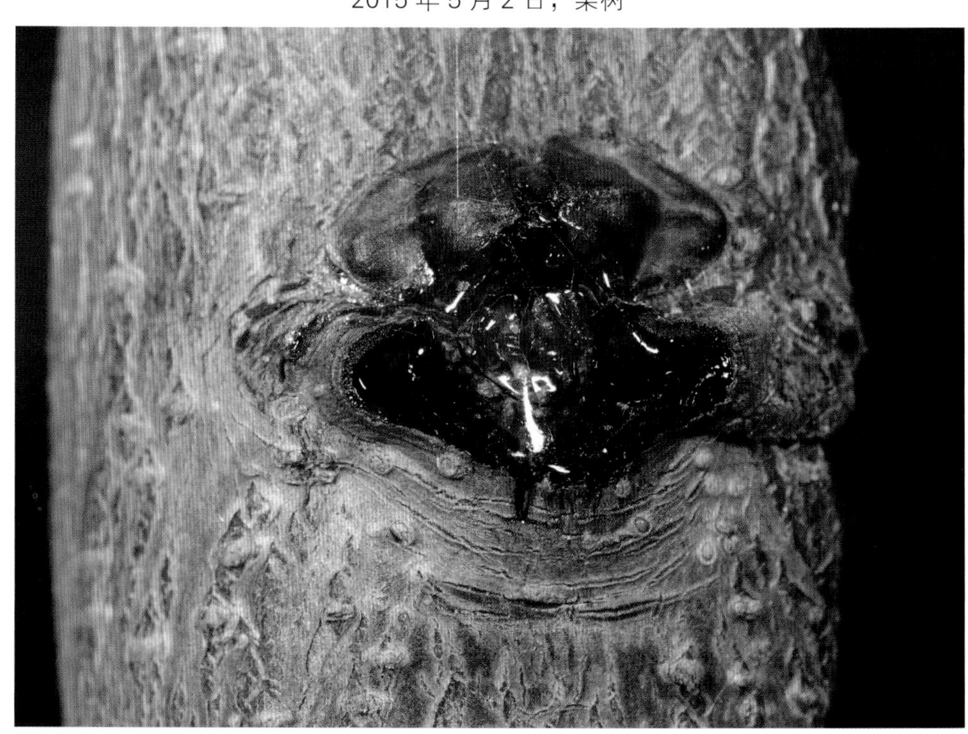

2015 年 5 月 2 日，栾树

2015 年 5 月 2 日，栾树

2015 年 5 月 2 日，栾树

2015 年 5 月 2 日，栾树

2015 年 5 月 2 日，栾树

⑮ 碧伟蜓 *Anax parthenope* Selys

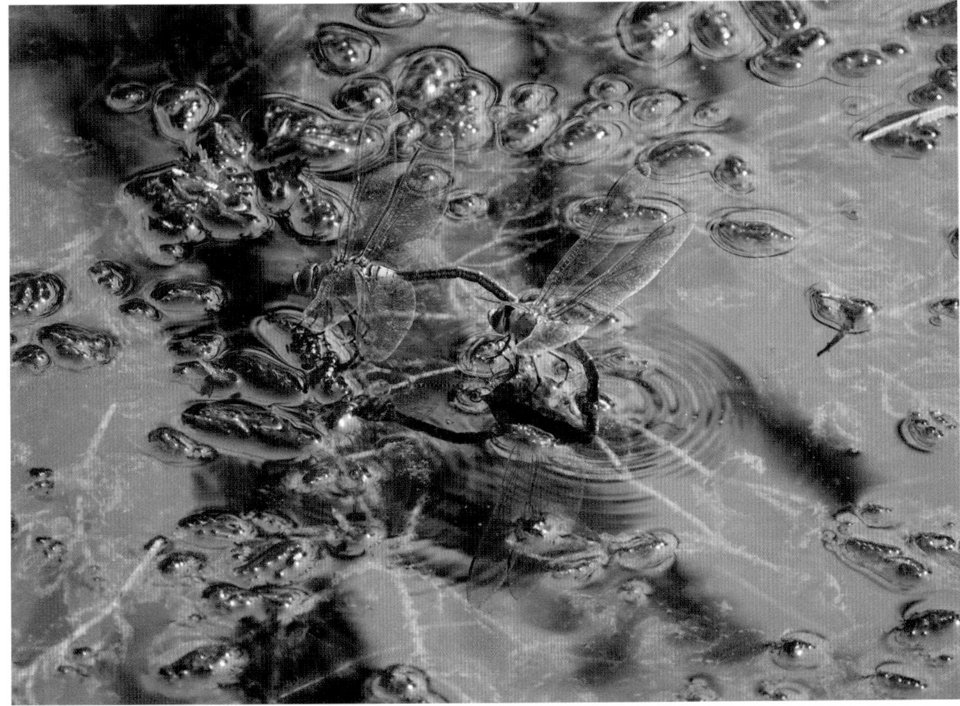

2020 年 8 月 9 日

2020 年 8 月 2 日

2020 年 8 月 14 日

2020 年 8 月 15 日

2020 年 8 月 15 日

2020 年 8 月 15 日

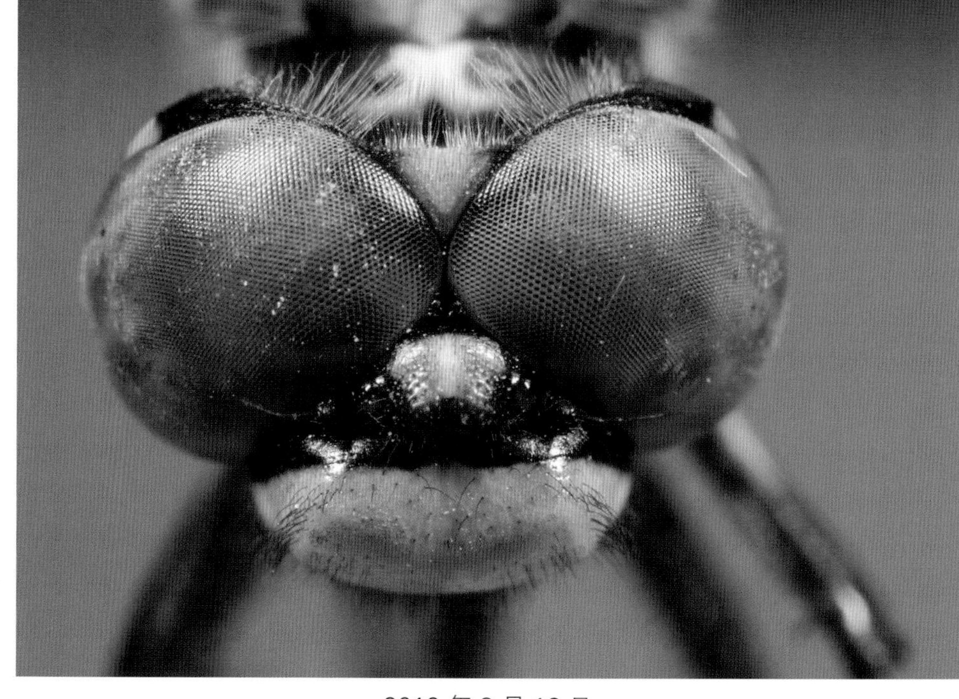

2019 年 8 月 18 日

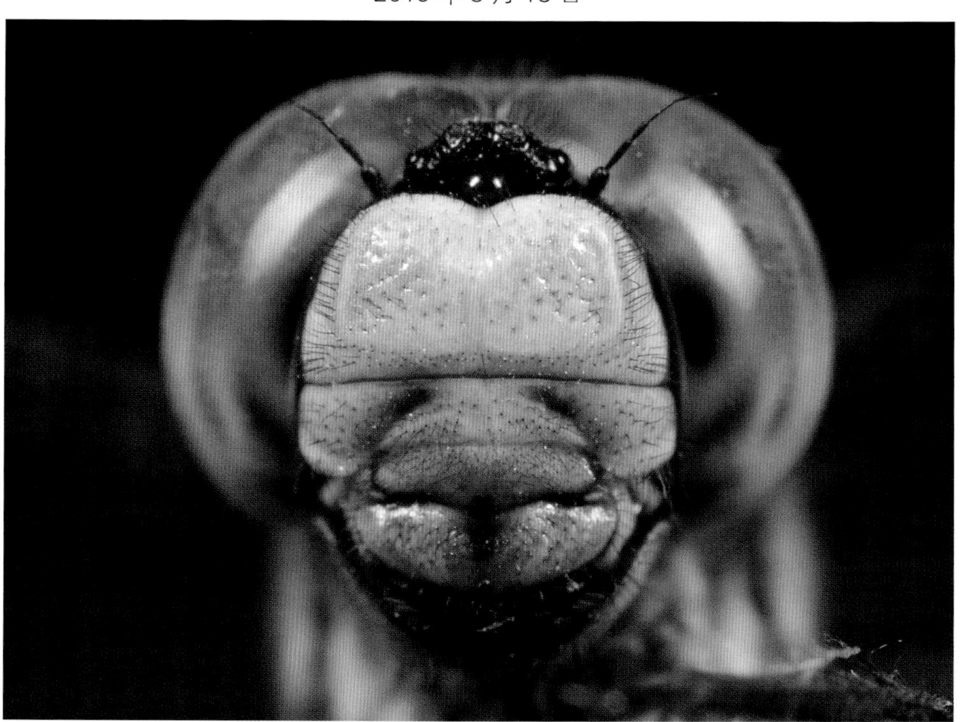

2019 年 8 月 18 日

⑯ 红蜻 *Crocothemis servilia* (Drury)

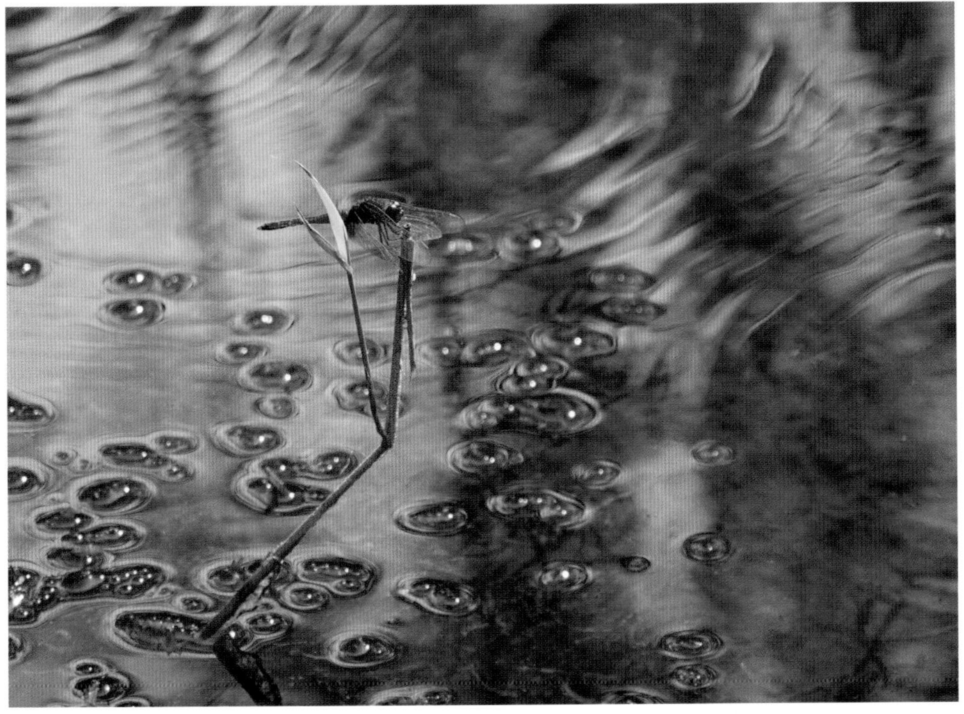

2020 年 8 月 9 日

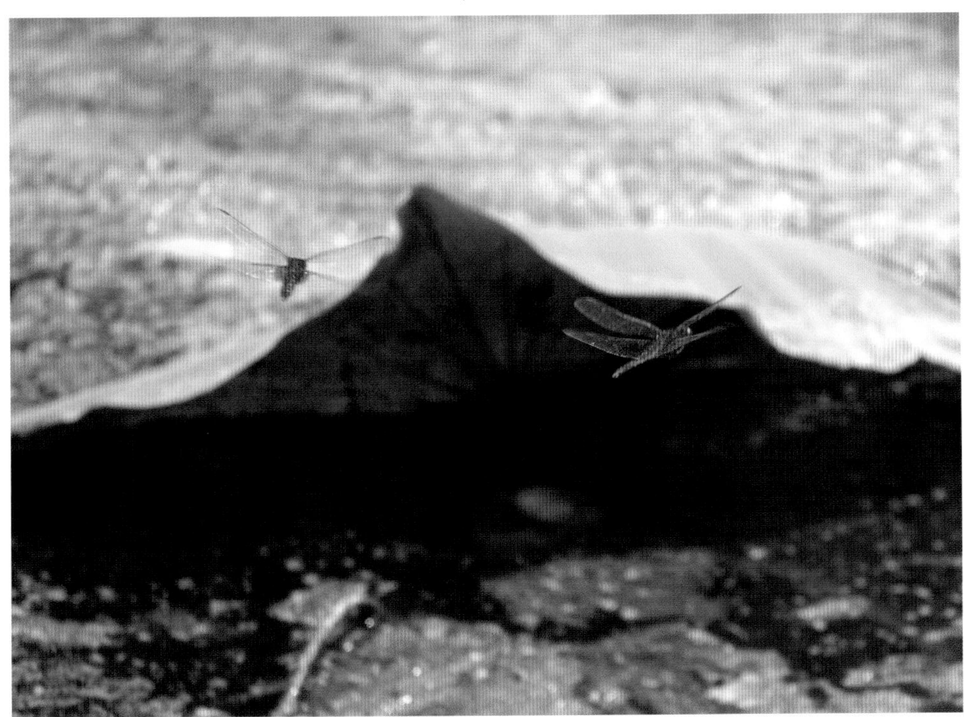

2021 年 7 月 18 日

昆虫

半翅目

鳞翅目

脉翅目

膜翅目

鞘翅目

蜻蜓目 >

双翅目

螳螂目

直翅目

蜘蛛

2020 年 8 月 9 日

2018 年 8 月 10 日

⑨⑦ 白尾灰蜻 *Orthetrum albistylum* (Selys)

2017 年 7 月 23 日

2017 年 7 月 23 日

2017 年 7 月 23 日

2021 年 7 月 24 日

⑱ 鼎脉灰蜻 *Orthetrum triangulare* (Selys)

2019 年 7 月 13 日

2021 年 7 月 18 日

2021 年 7 月 18 日

2021 年 7 月 18 日

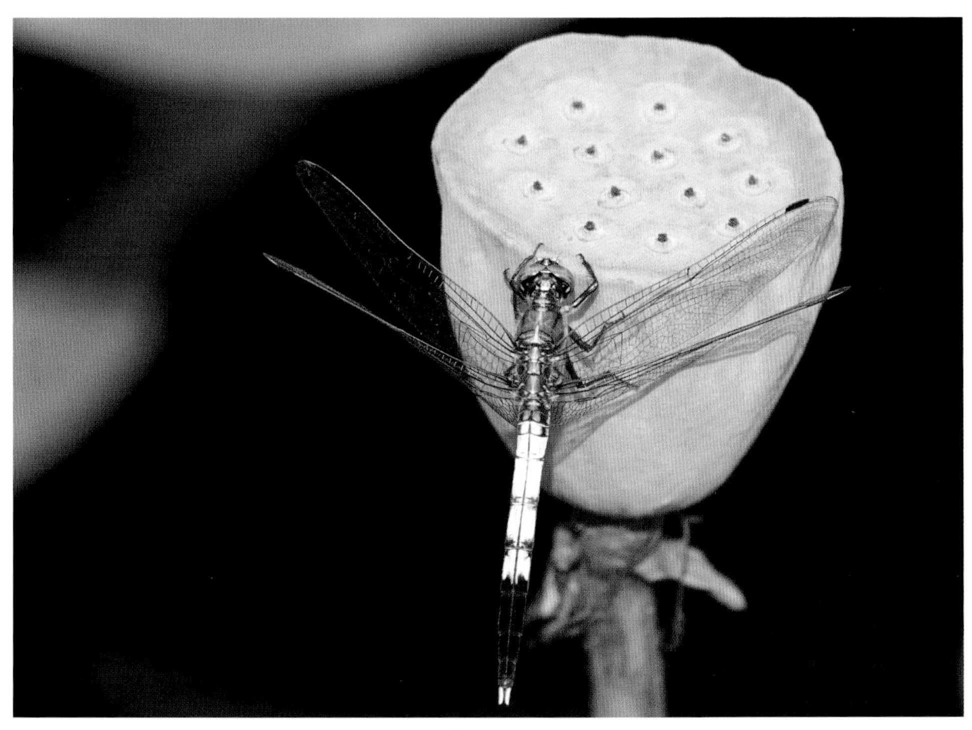

2021 年 7 月 18 日

2021 年 7 月 18 日

99 黄蜻 *Pantala flavescens* (Fabricius)

2020 年 8 月 1 日

2021 年 6 月 12 日

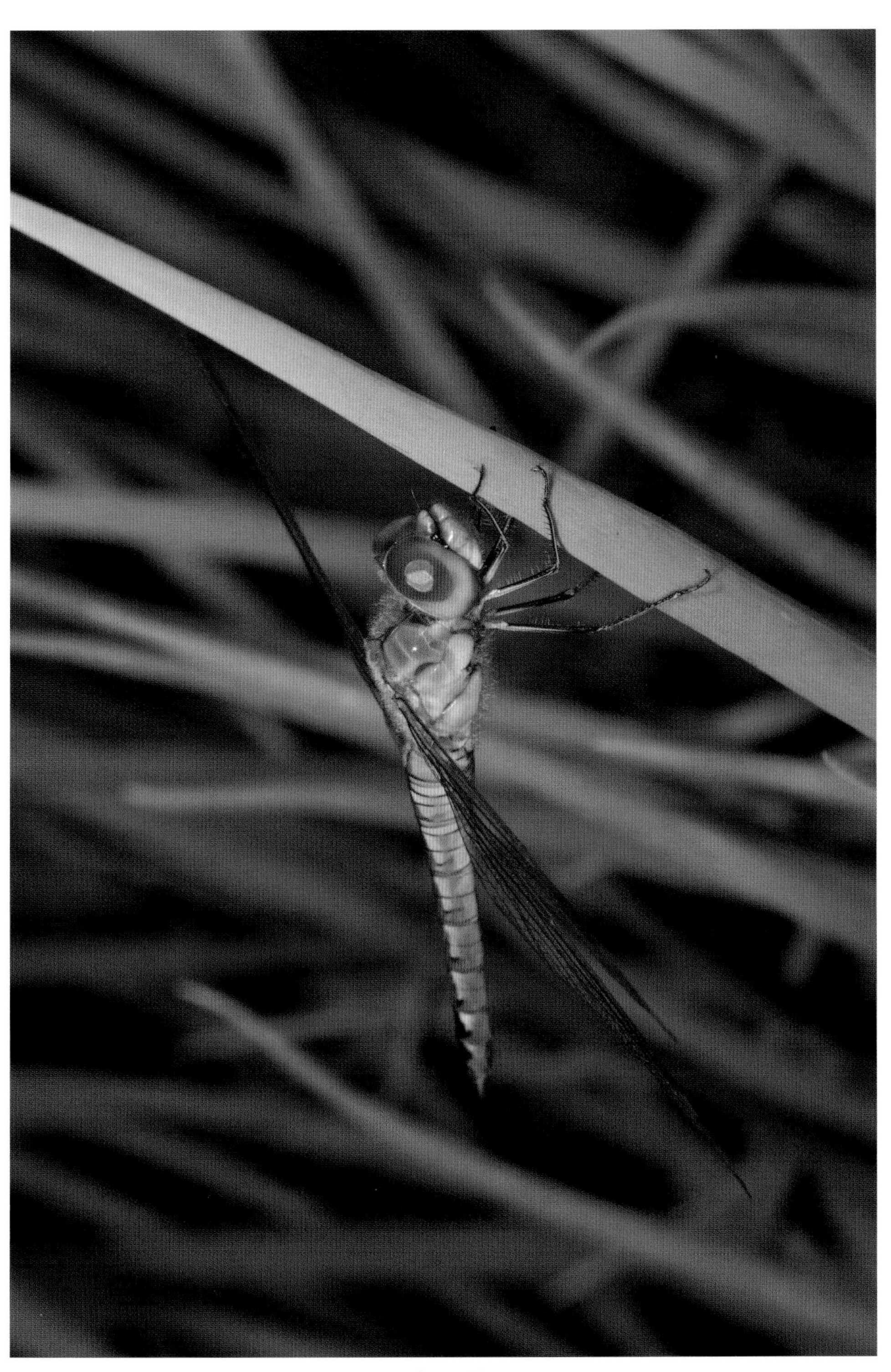

2020 年 8 月 1 日

2020 年 8 月 15 日

2020 年 8 月 15 日

⑩ 玉带蜻 *Pseudothemis zonata* (Burmeister)

2021 年 7 月 4 日

2021 年 7 月 4 日

⑩① 黑丽翅蜻 *Rhyothemis fuliginosa* Selys

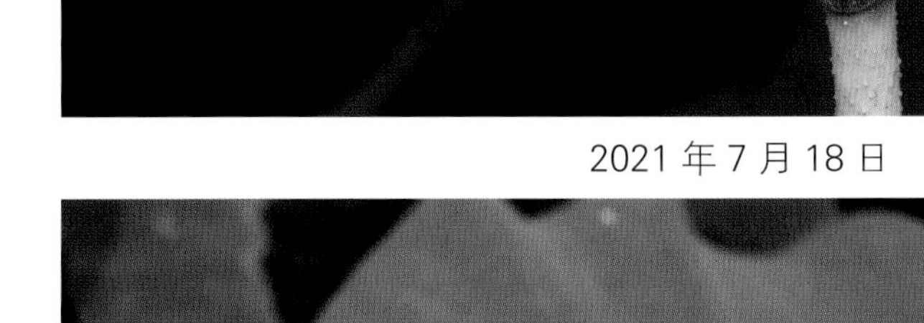

2021 年 7 月 18 日

2021 年 7 月 18 日

2021 年 7 月 18 日

2021 年 7 月 18 日

2020 年 7 月 18 日

2020 年 7 月 18 日

2021 年 7 月 4 日

2020 年 7 月 18 日

2020 年 7 月 18 日

2020 年 7 月 18 日

2020 年 7 月 18 日

2020 年 7 月 18 日

2020 年 7 月 18 日

2020 年 7 月 18 日

2021 年 7 月 18 日

⑩② 东亚异痣蟌 *Ischnura asiatica* (Brauer)

2015 年 5 月 2 日

2017 年 7 月 2 日

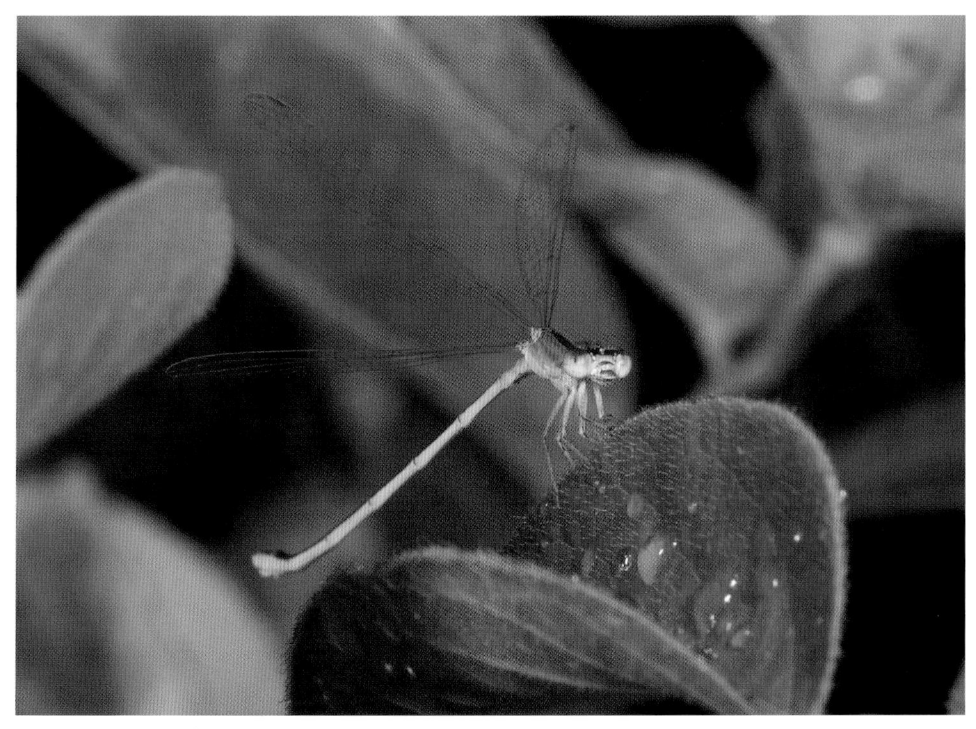

2020 年 7 月 18 日

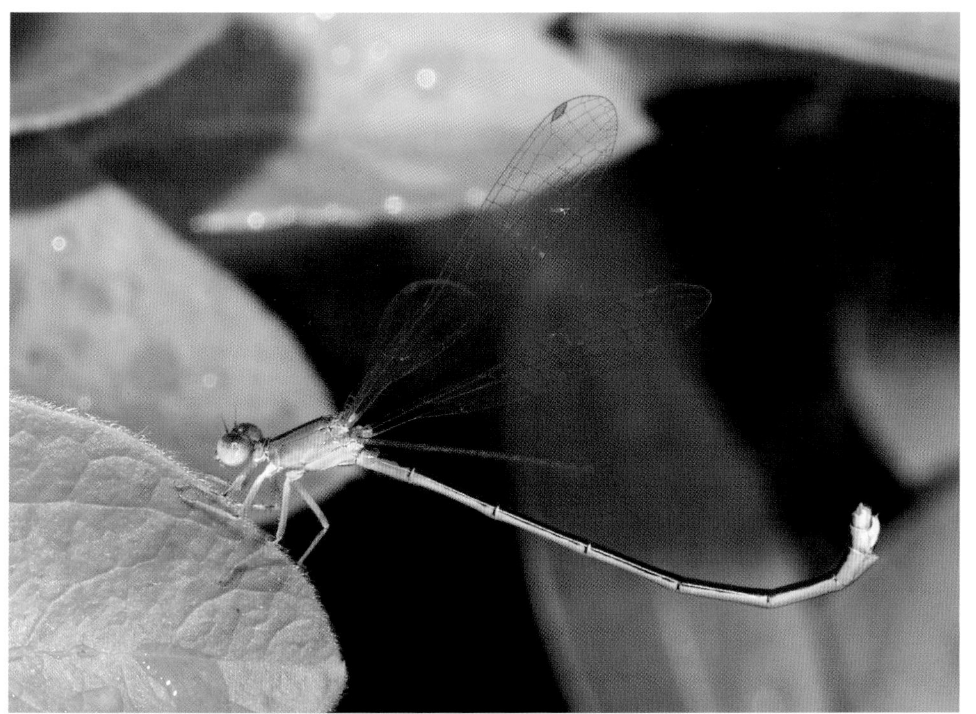

2020 年 7 月 18 日

昆虫

半翅目

鳞翅目

脉翅目

膜翅目

鞘翅目

蜻蜓目 >

双翅目

螳螂目

直翅目

蜘蛛

2020 年 7 月 18 日

2020 年 7 月 18 日

2020 年 7 月 18 日

2020 年 7 月 18 日

2020 年 7 月 18 日

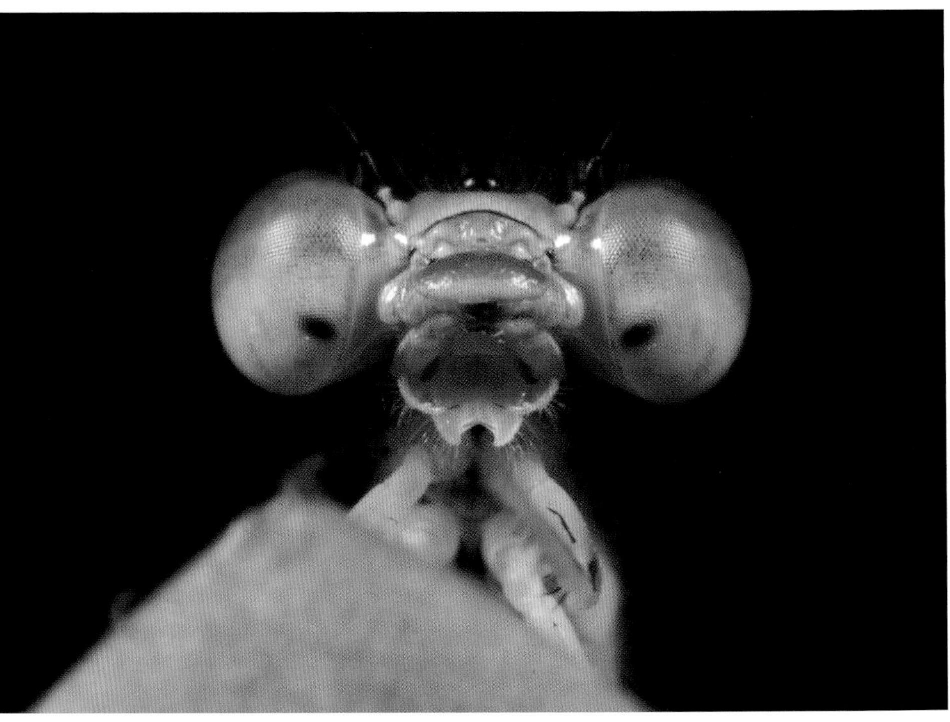

2020 年 7 月 18 日

⑩③ 长叶异痣蟌 *Ischnura elegans* (Vander Linden)

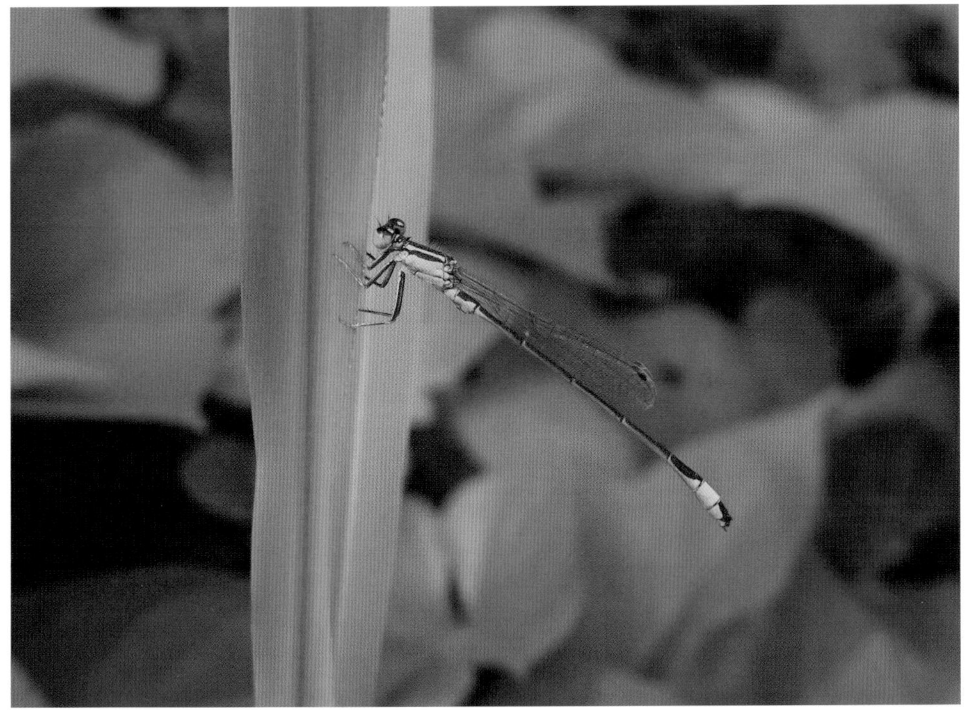

2017 年 7 月 2 日

2017 年 7 月 9 日

2021 年 6 月 12 日

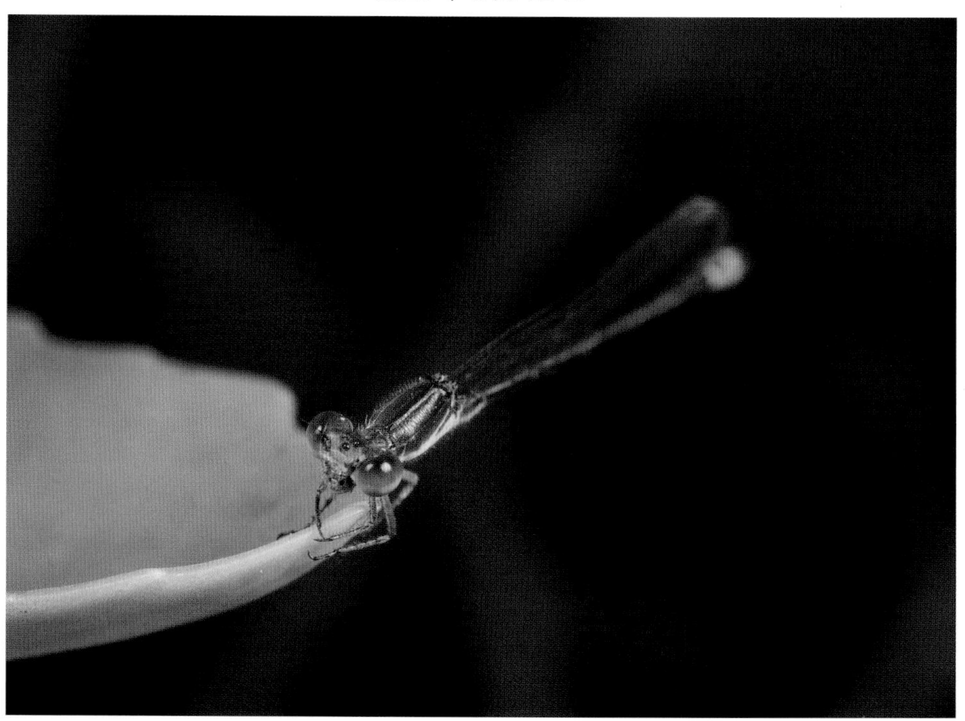

2020 年 8 月 15 日

2020 年 8 月 15 日

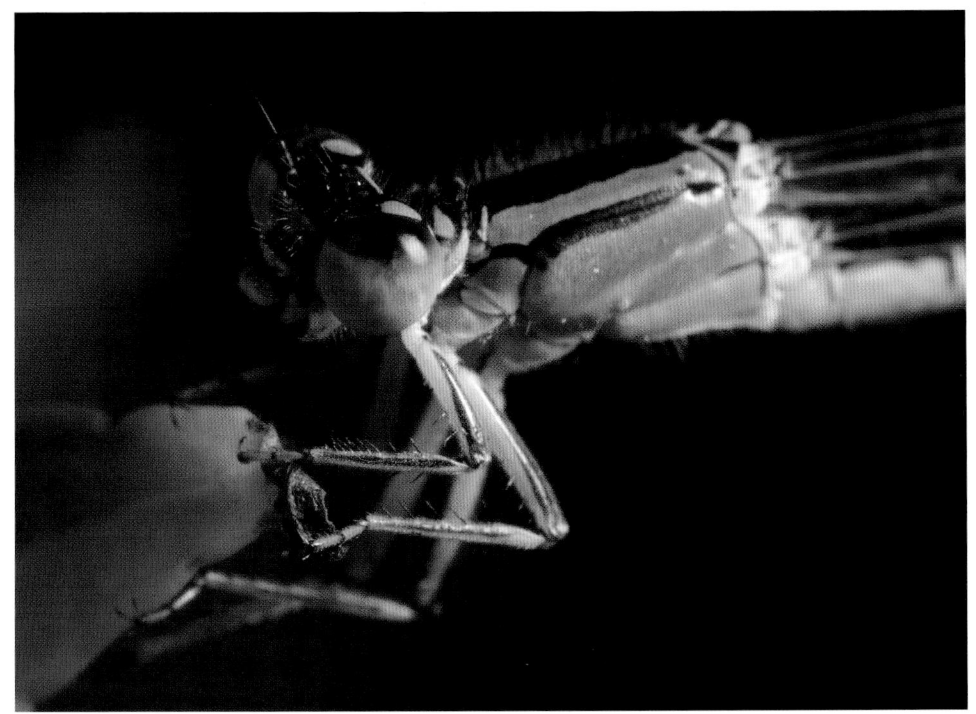

2020 年 8 月 15 日

昆虫 /蜻蜓目 Odonata/

104 蓝纹尾蟌 *Paracercion calamorum* Ris

2015 年 5 月 2 日

2015 年 5 月 2 日

2015 年 5 月 2 日

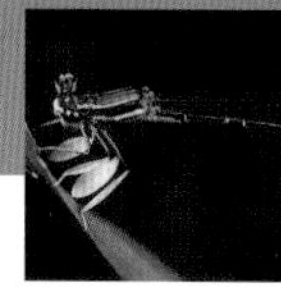

⑩⑤ 叶足扇蟌 *Platycnemis phyllopoda* Djakonov

2021 年 7 月 17 日

2021 年 7 月 17 日

⑩⑥ 鼻蝇 Rhiniidae

2021 年 8 月 22 日，荷花

2021 年 8 月 22 日，荷花

2021 年 7 月 3 日，黑心菊

2021 年 7 月 3 日，黑心菊

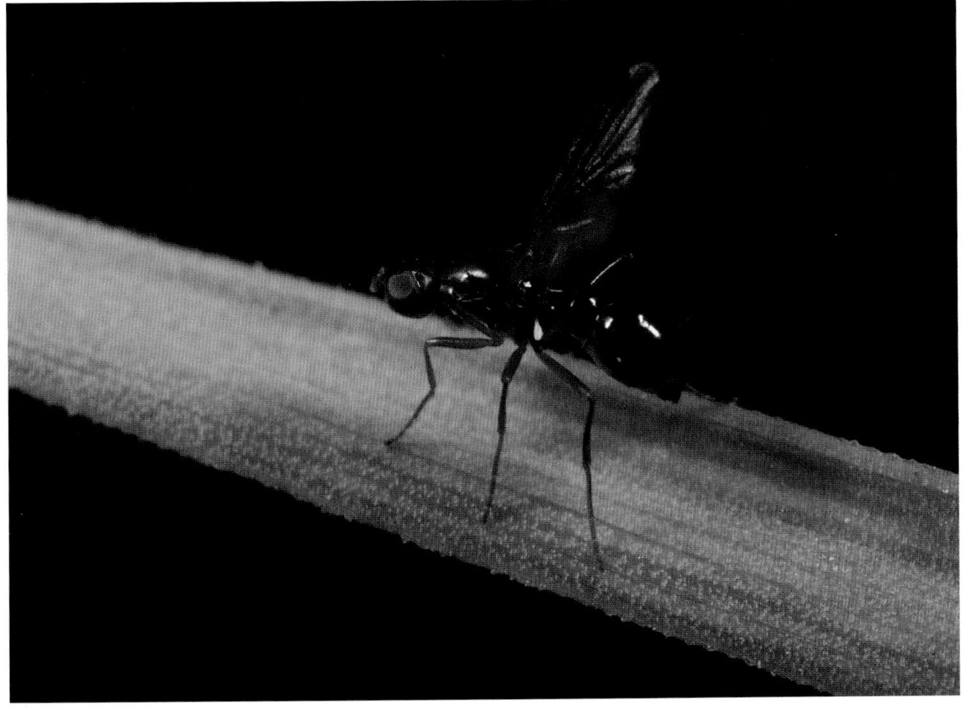
2021 年 5 月 22 日，大蒜

2021 年 5 月 22 日，大蒜

2021 年 5 月 22 日，大蒜

2021 年 5 月 22 日，大蒜

⑩⑧ 横带花蝇 *Athomyia illocata* Walker

2020 年 8 月 2 日

2020 年 8 月 2 日

昆虫

半翅目

鳞翅目

脉翅目

膜翅目

鞘翅目

蜻蜓目

双翅目 >

螳螂目

直翅目

蜘蛛

2020 年 8 月 2 日

⑩⑨ 球腹寄蝇 *Gymnosoma rotundatum* (Linnaeus)

2021 年 9 月 11 日，八宝景天

2021 年 9 月 11 日，八宝景天

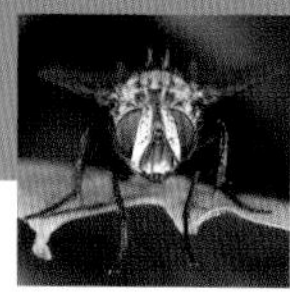

⑪ 栉蚤寄蝇 *Ctenophorinia* sp.

2019 年 7 月 13 日，猕猴桃

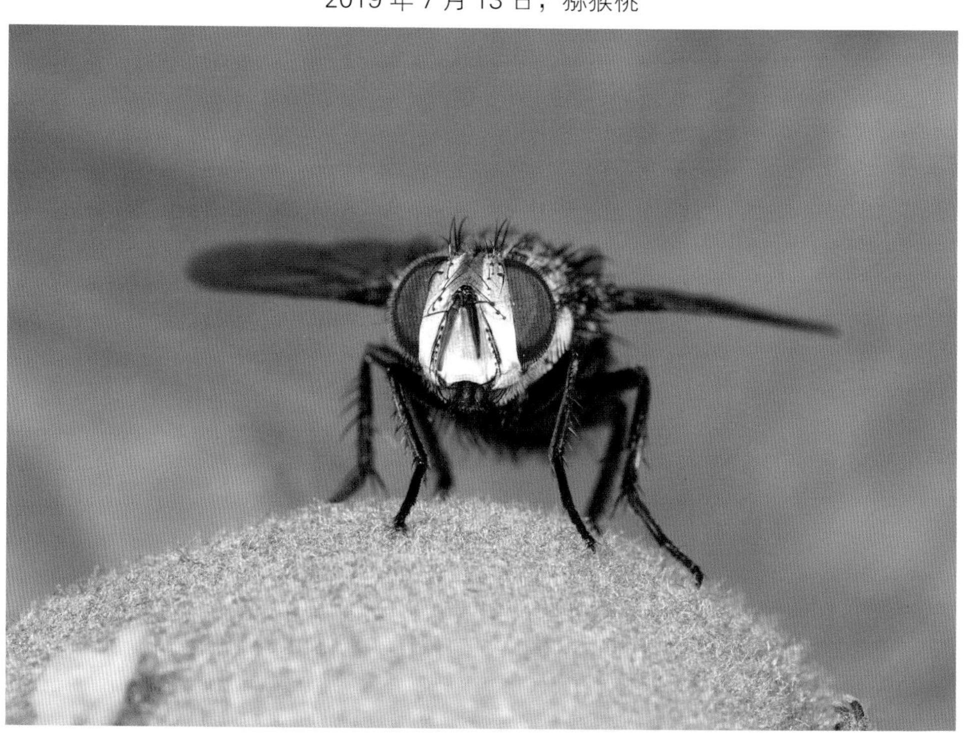

2019 年 7 月 13 日，猕猴桃

2019 年 7 月 13 日，猕猴桃

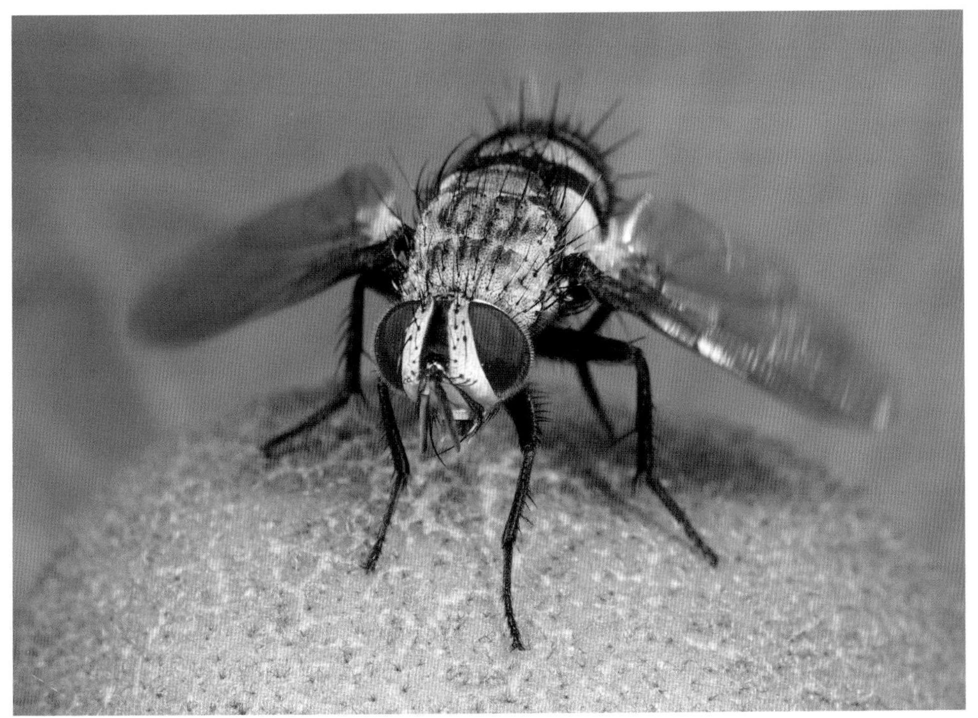

2019 年 7 月 13 日，猕猴桃

昆虫

半翅目

鳞翅目

脉翅目

膜翅目

鞘翅目

蜻蜓目

双翅目 >

螳螂目

直翅目

蜘蛛

2019 年 7 月 13 日，猕猴桃

2019 年 7 月 13 日，猕猴桃

2019 年 7 月 13 日，猕猴桃

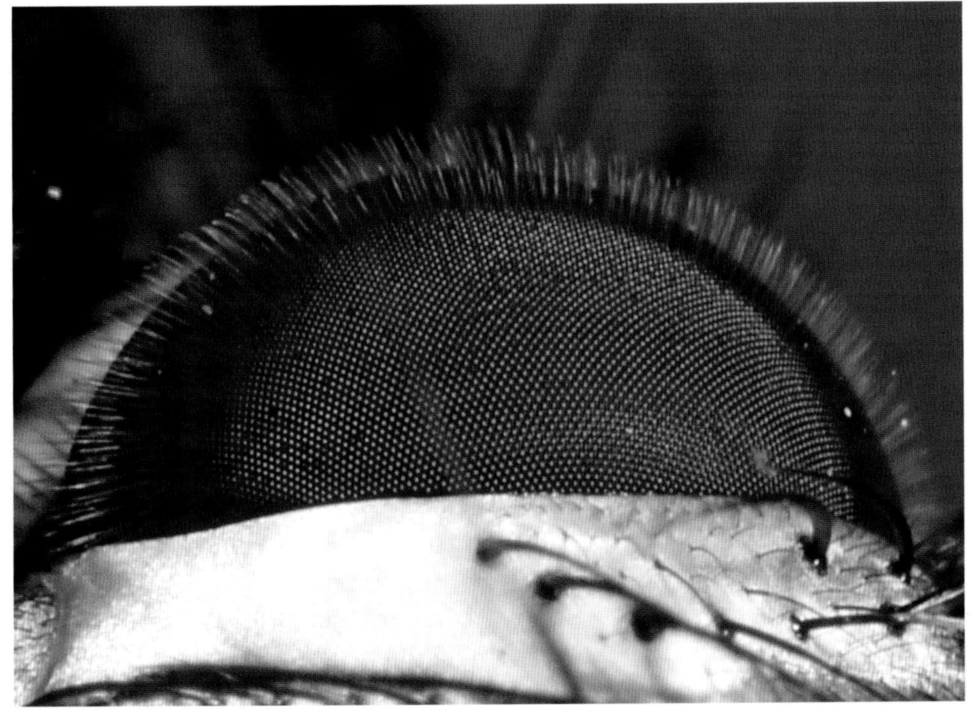

2019 年 7 月 13 日，复眼

⑪ 金丽蝇 *Chrysomya* sp.

2021 年 8 月 28 日，八宝景天

2021 年 8 月 28 日，八宝景天

2021 年 9 月 11 日，八宝景天

2021 年 10 月 2 日，荷兰菊

2021 年 10 月 2 日，荷兰菊

2017 年 10 月 28 日，葡萄

2017 年 10 月 28 日，葡萄

2017 年 10 月 28 日，葡萄

2020 年 8 月 29 日，复眼

2021 年 10 月 1 日，无花果

2021 年 10 月 1 日，无花果

2021 年 10 月 1 日，无花果

⑫ 黑带蚜蝇 *Episyrphus balteatus* (De Geer)

2020 年 9 月 26 日

2020 年 9 月 26 日

2020 年 9 月 26 日

2020 年 9 月 26 日

2021 年 10 月 2 日，荷兰菊

2021 年 10 月 2 日，荷兰菊

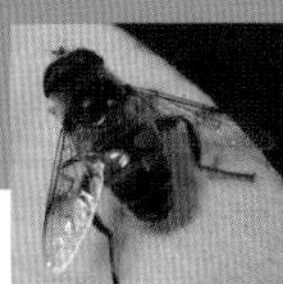

⓫ 长尾管蚜蝇 *Eristalis tenax* (Linnaeus)

2019 年 10 月 19 日

2021 年 6 月 13 日

2021 年 6 月 13 日

2021 年 10 月 1 日

2021 年 10 月 2 日，荷兰菊

2021 年 10 月 2 日，荷兰菊

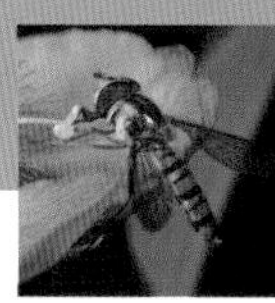

⑪④ 大灰优蚜蝇 *Eupeodes corollae* (Fabricius)

昆虫
半翅目
鳞翅目
脉翅目
膜翅目
鞘翅目
蜻蜓目
双翅目 >
螳螂目
直翅目
蜘蛛

2021 年 10 月 3 日，半月兰

2020 年 5 月 24 日，半月兰

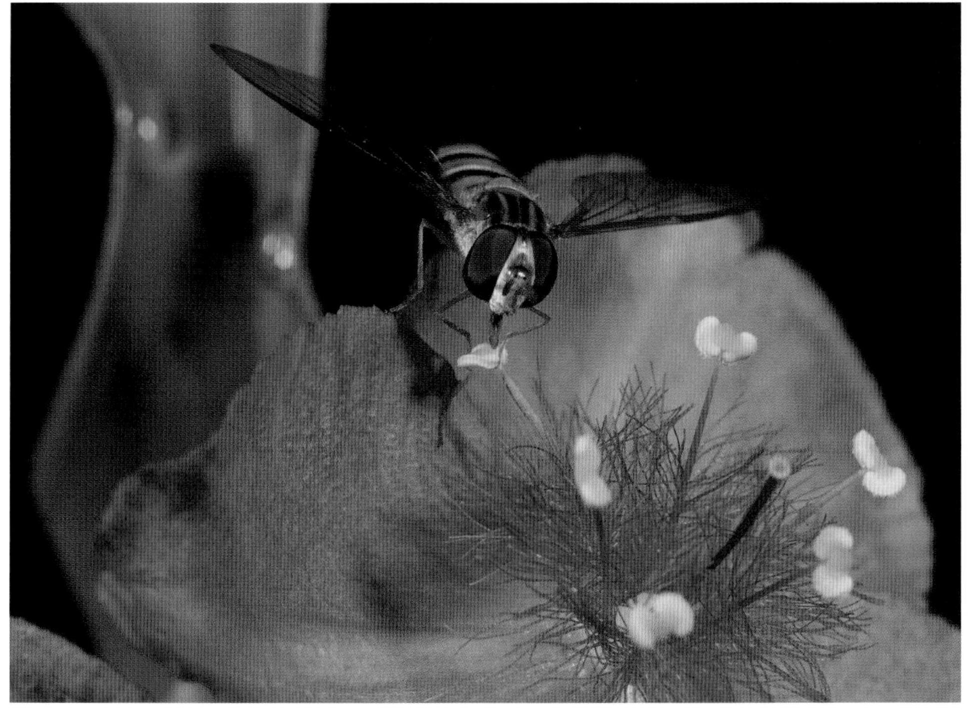

2021 年 10 月 3 日，半月兰

2021 年 10 月 3 日，半月兰

2021 年 10 月 3 日，半月兰

2021 年 10 月 3 日，半月兰

2021 年 10 月 3 日，半月兰

⑮ 狭带条胸蚜蝇 *Helophilus virgatus* (Coquilletti)

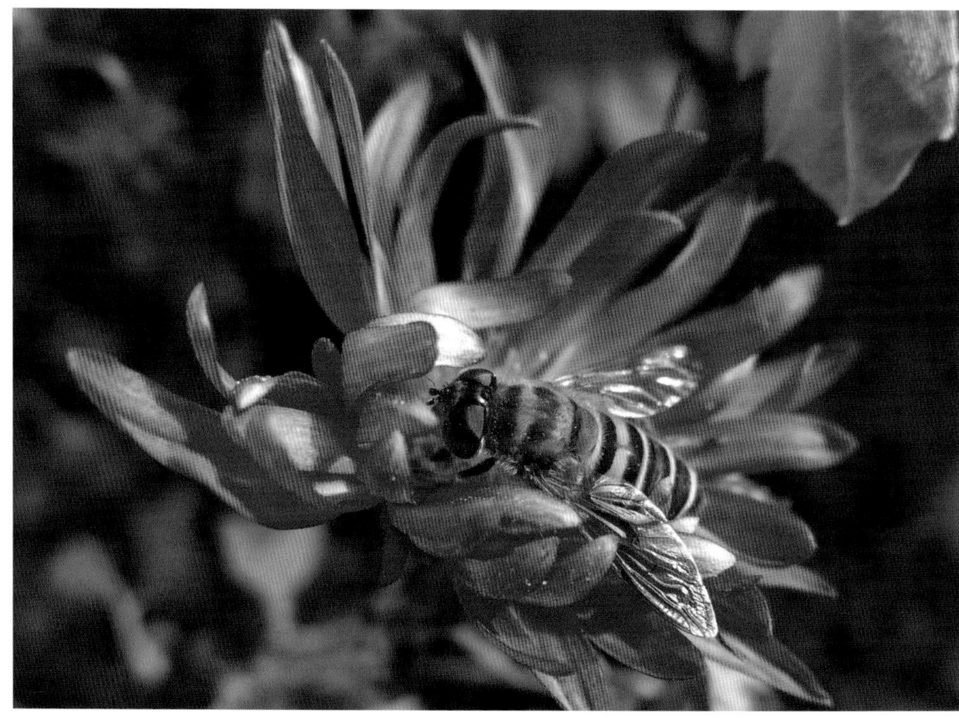

2017 年 10 月 28 日

2017 年 10 月 28 日

⑯ 短刺刺腿蚜蝇 *Ischiodon scutellaris* (Fabricius)

2020 年 7 月 18 日，黄瓜花

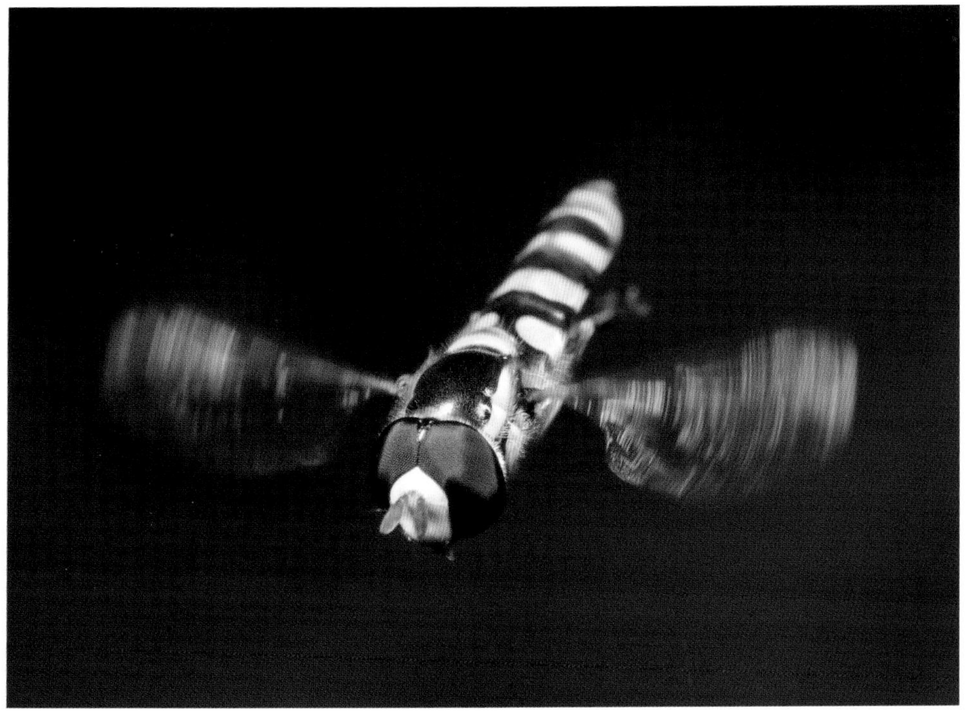

2020 年 7 月 18 日

⑰ 黑色斑目蚜蝇 *Lathyrophthalmus aeneus* (Scopoli)

2021 年 7 月 18 日，荷花

2021 年 7 月 18 日，荷花

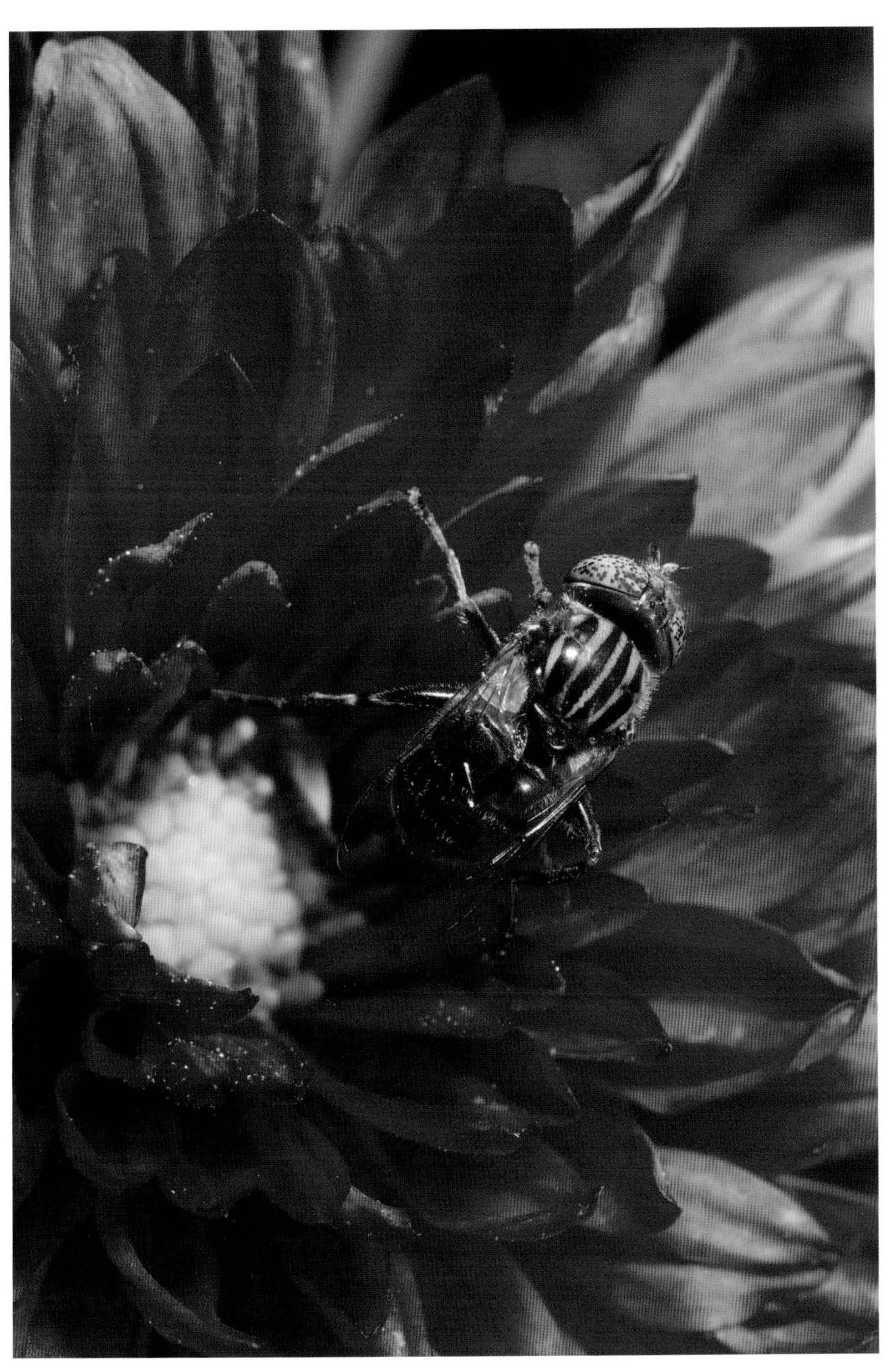

2021 年 10 月 2 日，菊花

2021 年 8 月 28 日，八宝景天

2021 年 8 月 28 日，八宝景天

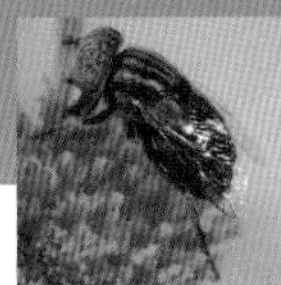

118 钝斑斑目蚜蝇 *Lathyrophthalmus lugens* (Wiedemann)

2017 年 5 月 28 日

2017 年 5 月 28 日

⑲ 亮黑斑目蚜蝇 *Lathyrophthalmus tarsalis* (Jaennicke)

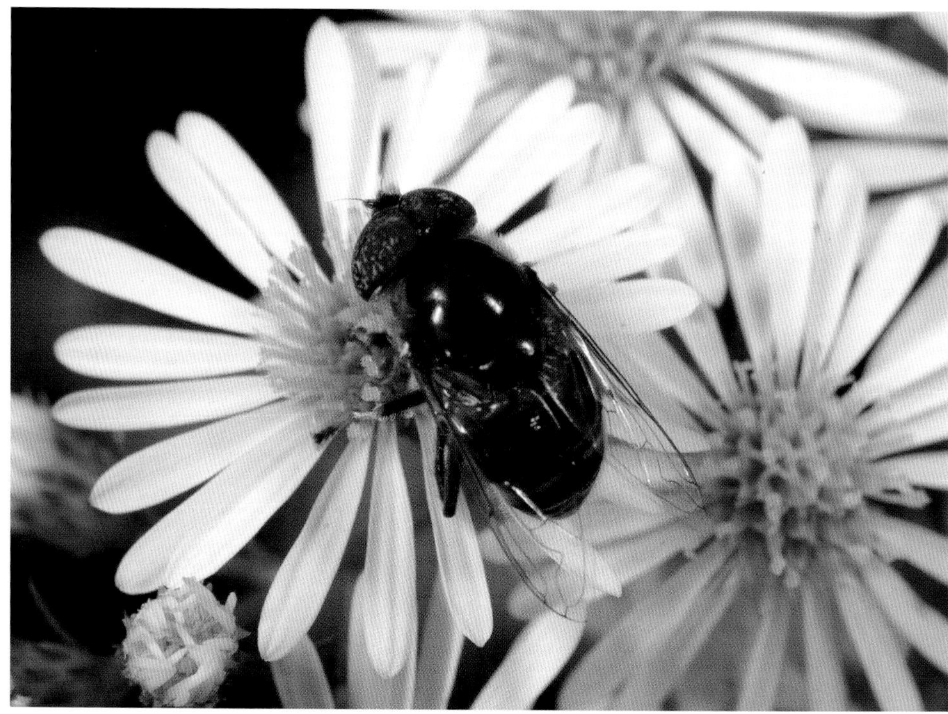

2021 年 10 月 2 日，荷兰菊

2021 年 10 月 2 日，荷兰菊

2021 年 10 月 2 日，荷兰菊

⑫⓪ 羽芒宽盾蚜蝇 *Phytomia zonata* (Fabricius)

2017 年 6 月 25 日

2021 年 7 月 3 日

2021 年 9 月 11 日，八宝景天

2021 年 9 月 11 日，八宝景天

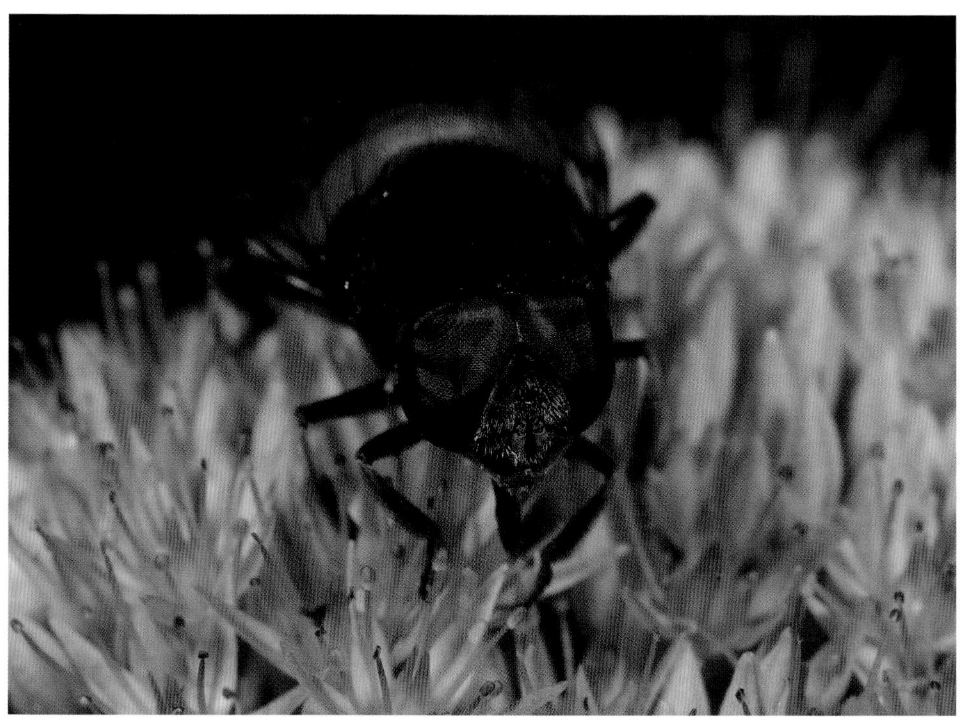

2021 年 9 月 11 日，八宝景天

2021 年 9 月 11 日，八宝景天

⑫1 印度细腹蚜蝇 *Sphaerophoria indiana* Bigot

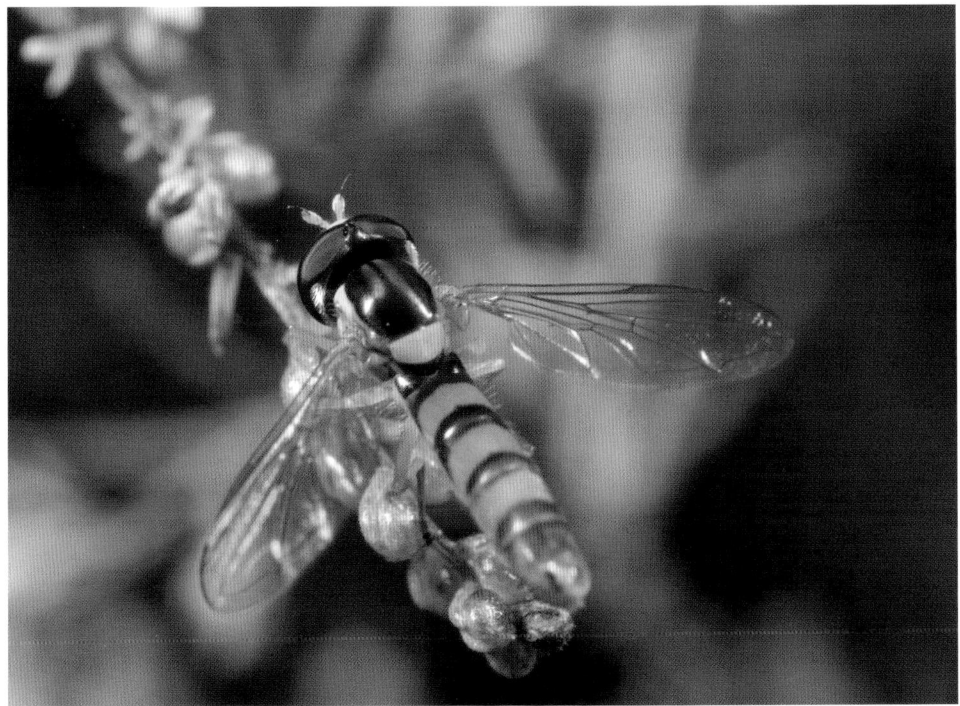

2020 年 9 月 26 日

2020 年 9 月 26 日

2020 年 9 月 26 日

2020 年 9 月 26 日

⑫ 水虻 *Stratiomys* sp.

2015 年 5 月 2 日

2015 年 5 月 2 日

⑫ 白纹伊蚊 *Aedes albopictus* (Skuse)

昆虫
半翅目
鳞翅目
脉翅目
膜翅目
鞘翅目
蜻蜓目
双翅目 >
螳螂目
直翅目
蜘蛛

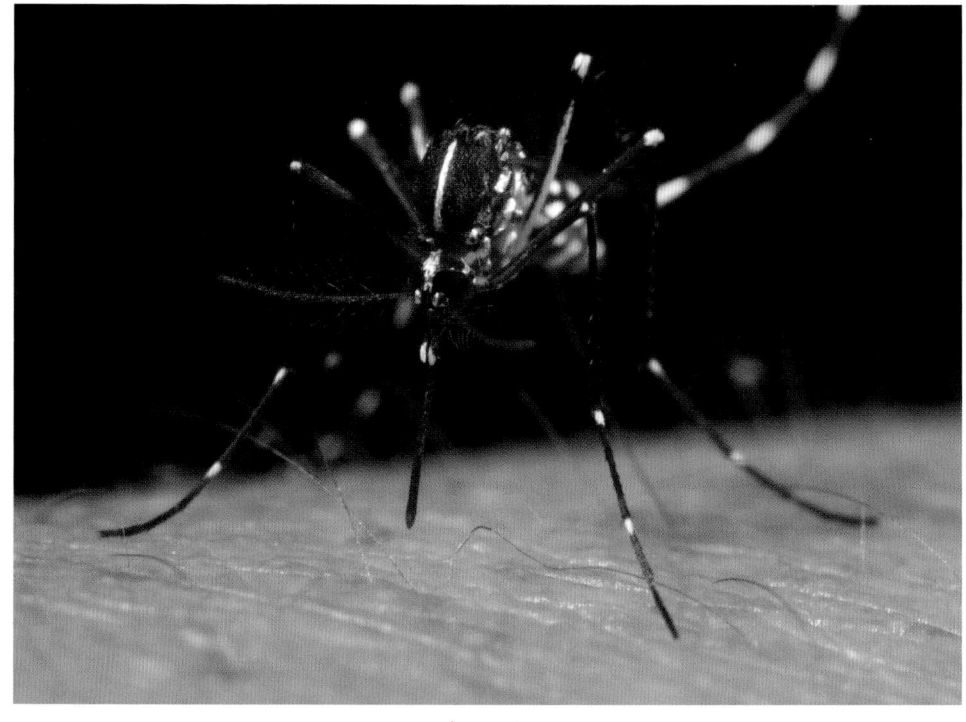

2021 年 9 月 11 日

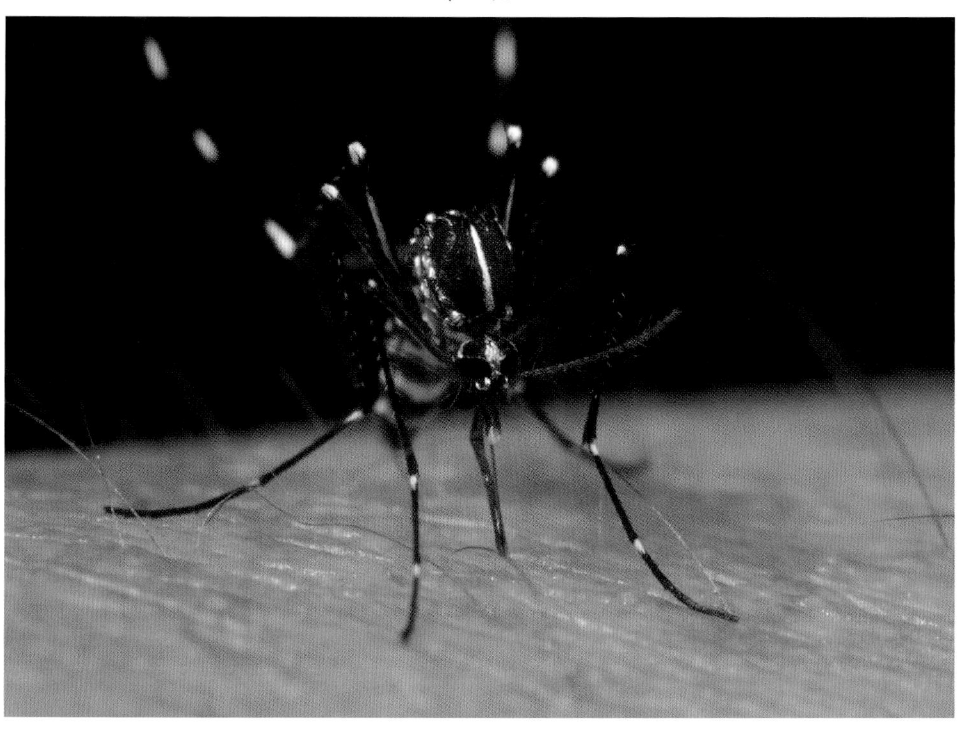

2021 年 9 月 11 日

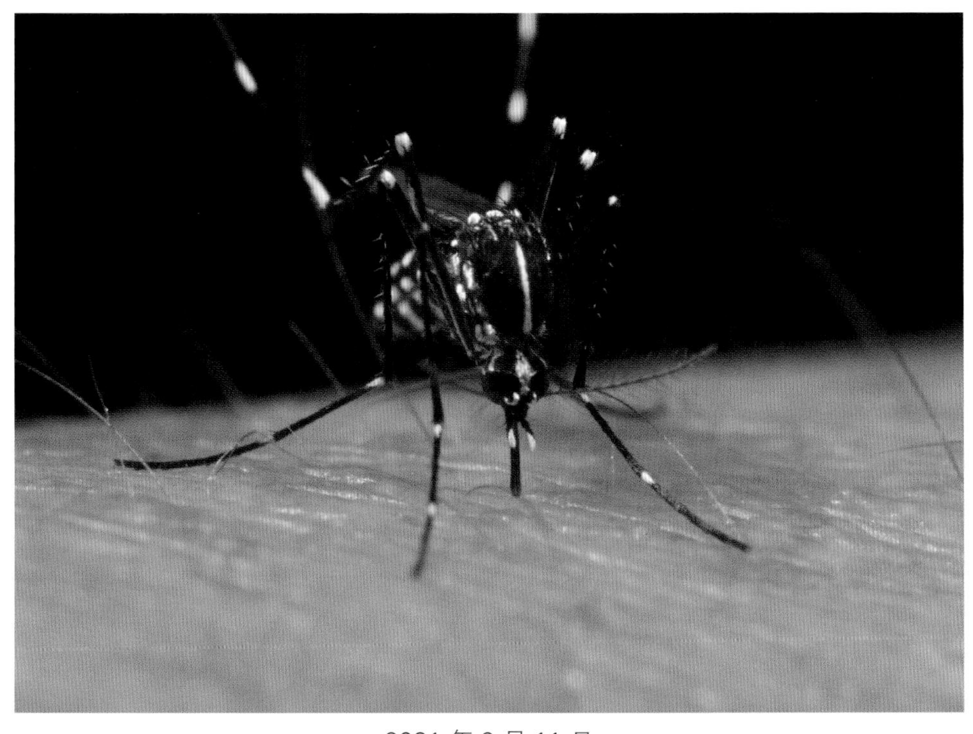
2021 年 9 月 11 日

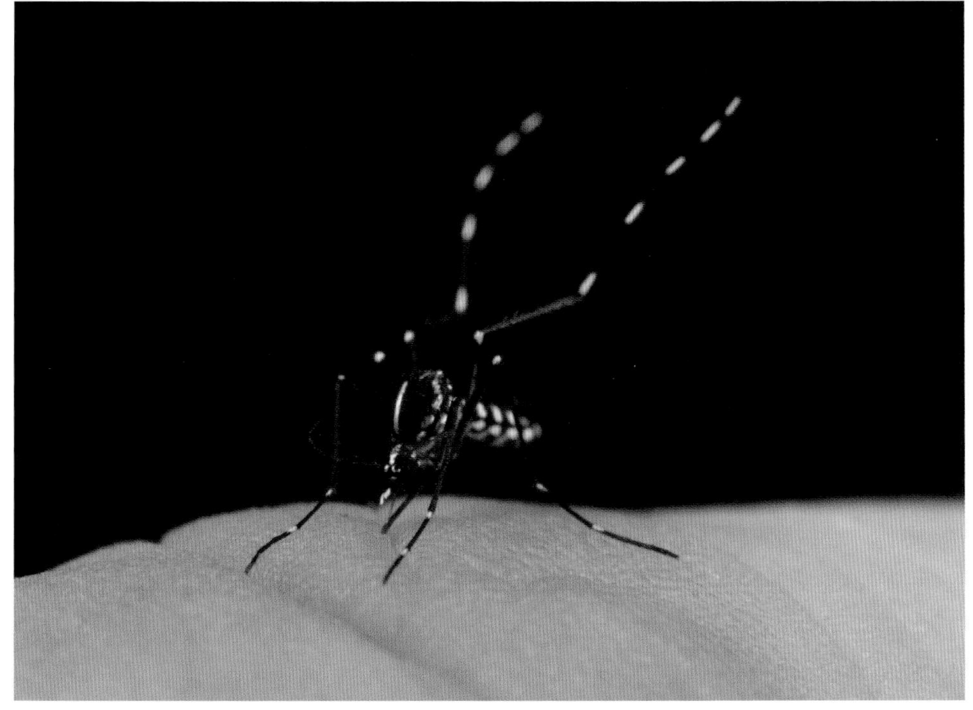
2020 年 9 月 13 日

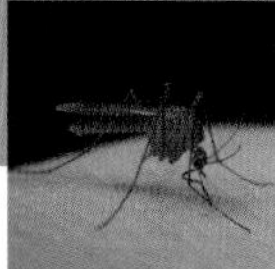

⑫④ 淡色库蚊 *Culex pipiens pallens* Coquillett

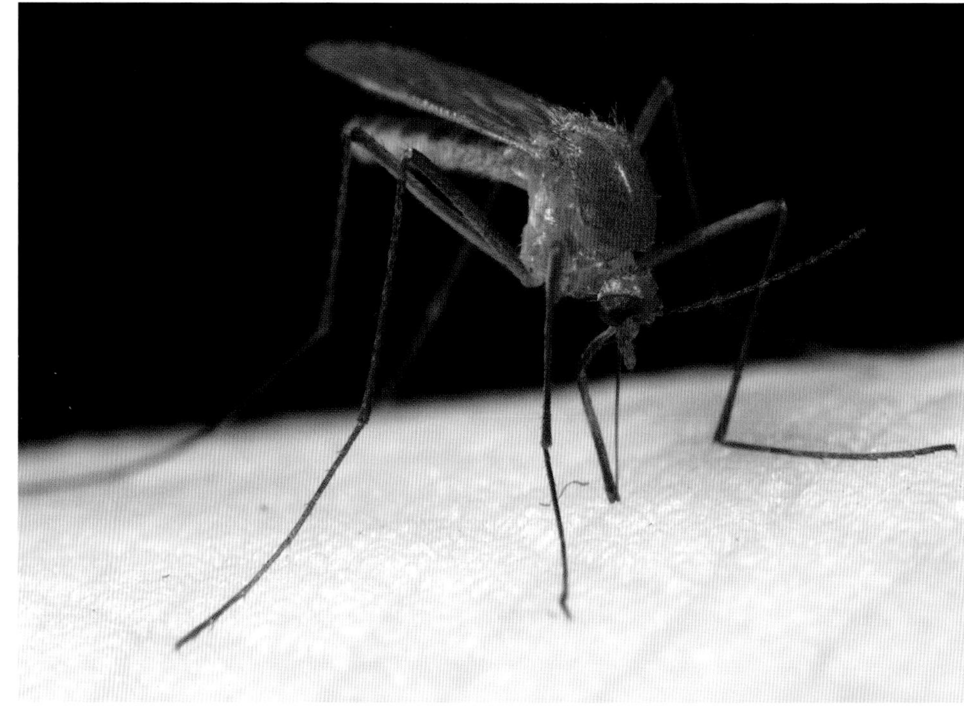

2020 年 9 月 26 日

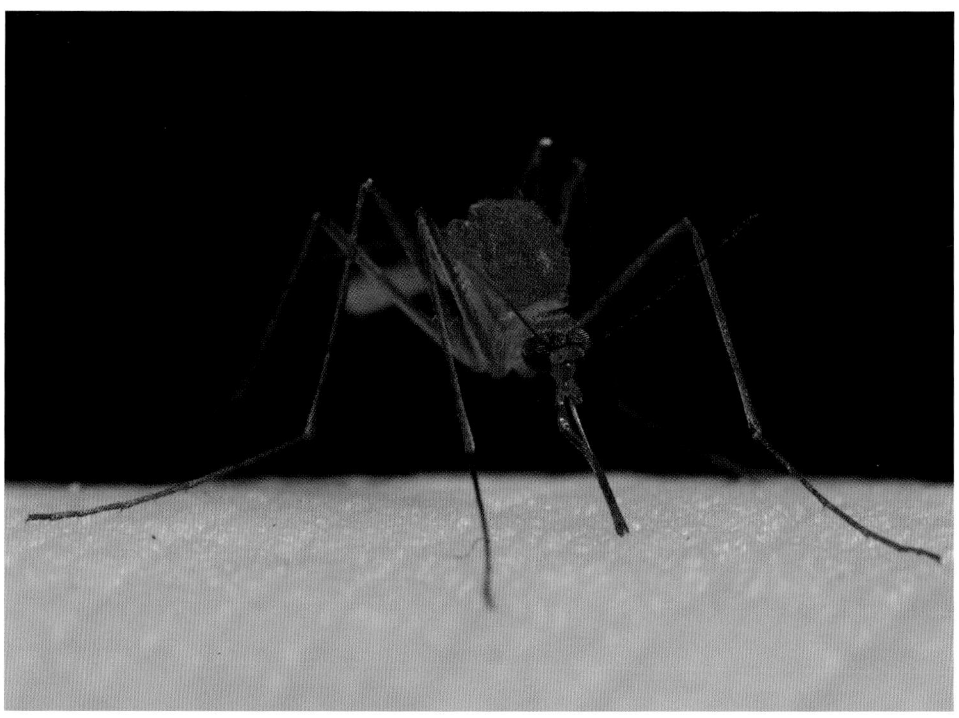

2020 年 9 月 26 日

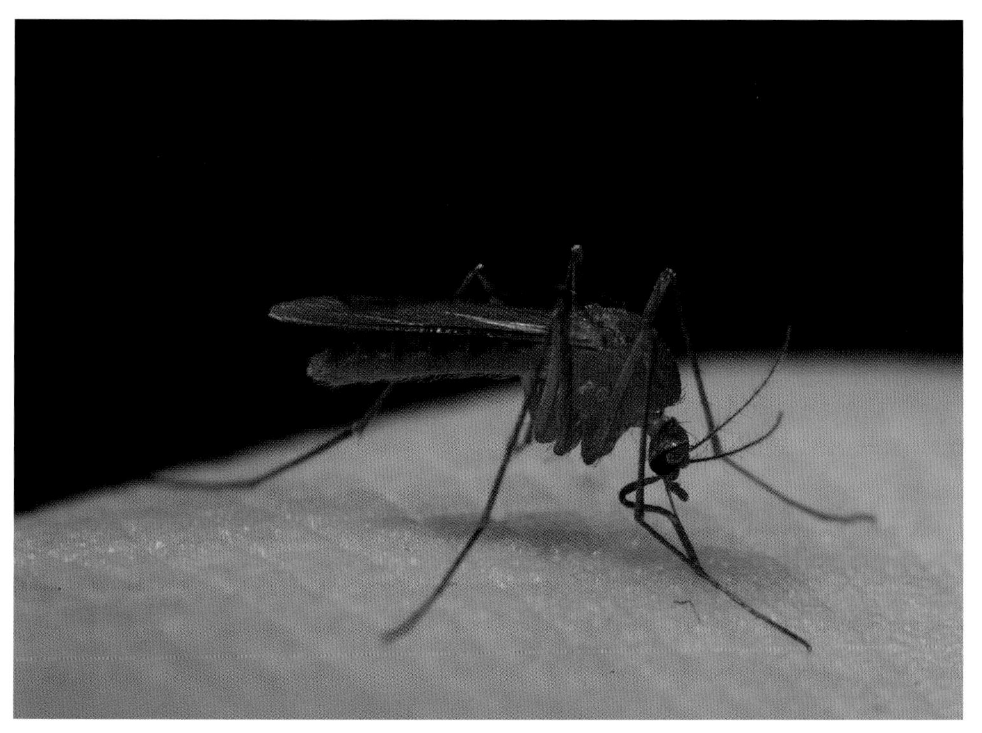
2020 年 9 月 26 日

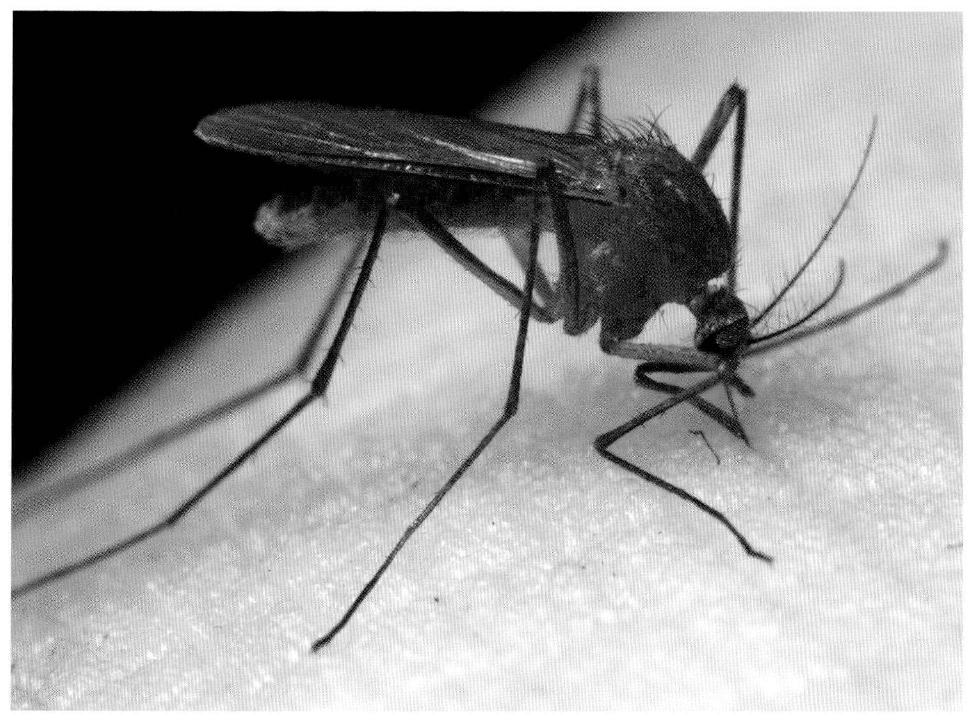
2020 年 9 月 26 日

昆虫

半翅目

鳞翅目

脉翅目

膜翅目

鞘翅目

蜻蜓目

双翅目 >

螳螂目

直翅目

蜘蛛

2020 年 9 月 26 日

⑫⑤ 摇蚊属 *Chironomus* sp.

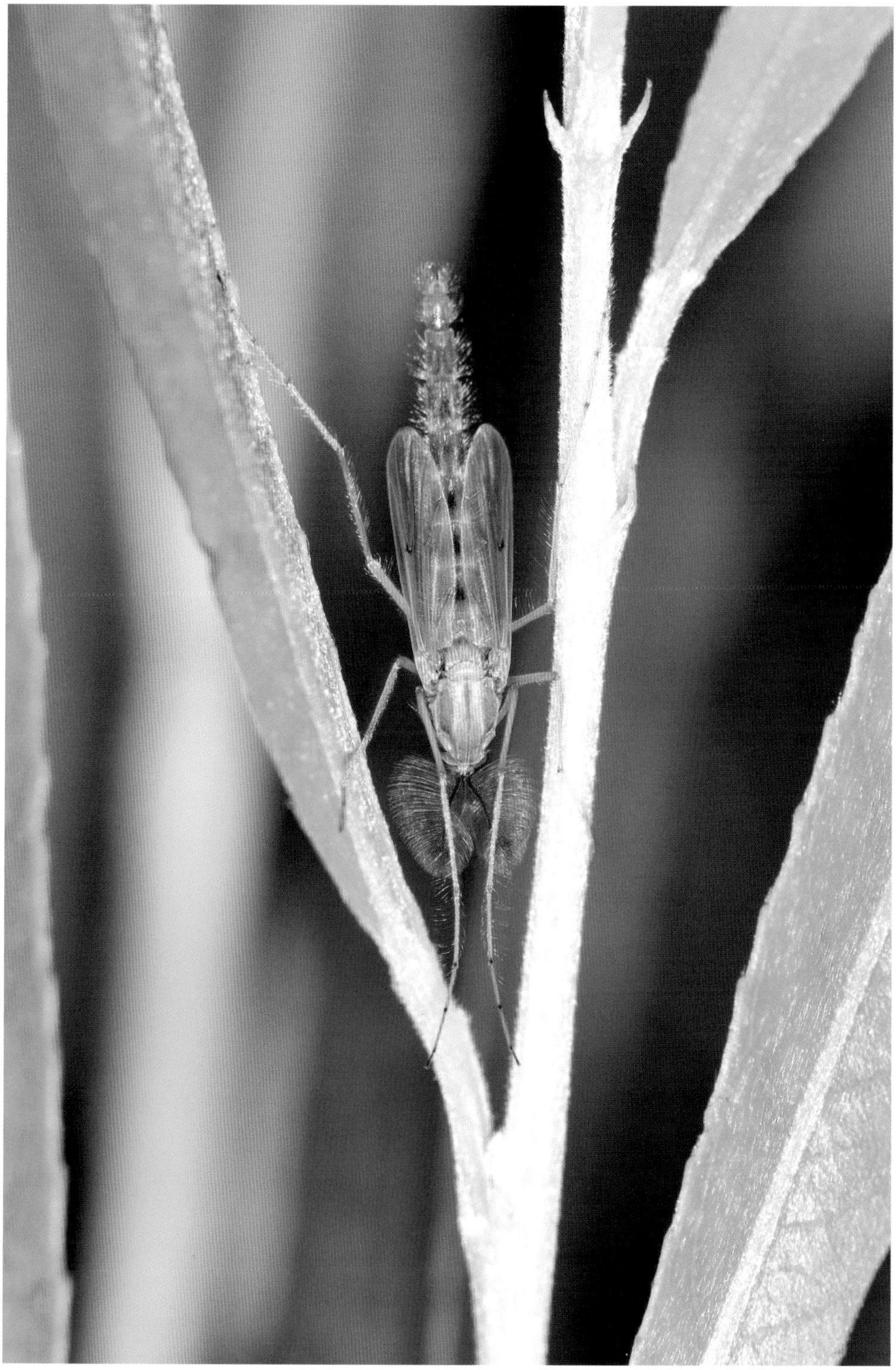

2014 年 4 月 5 日，雄虫，柳树

2020 年 10 月 4 日，雌虫

2021 年 7 月 3 日，雄虫

2021 年 7 月 3 日，雄虫

2021 年 7 月 3 日，雄虫

昆虫

半翅目

鳞翅目

脉翅目

膜翅目

鞘翅目

蜻蜓目

双翅目 >

螳螂目

直翅目

蜘蛛

2021 年 10 月 17 日，雄虫

2021 年 10 月 17 日，雄虫

⑫⑥ 广斧螳 *Hierodula petellifera* (Serville)

2021 年 9 月 12 日

2021 年 9 月 12 日

2021 年 9 月 12 日

2021 年 9 月 12 日

2021 年 9 月 12 日

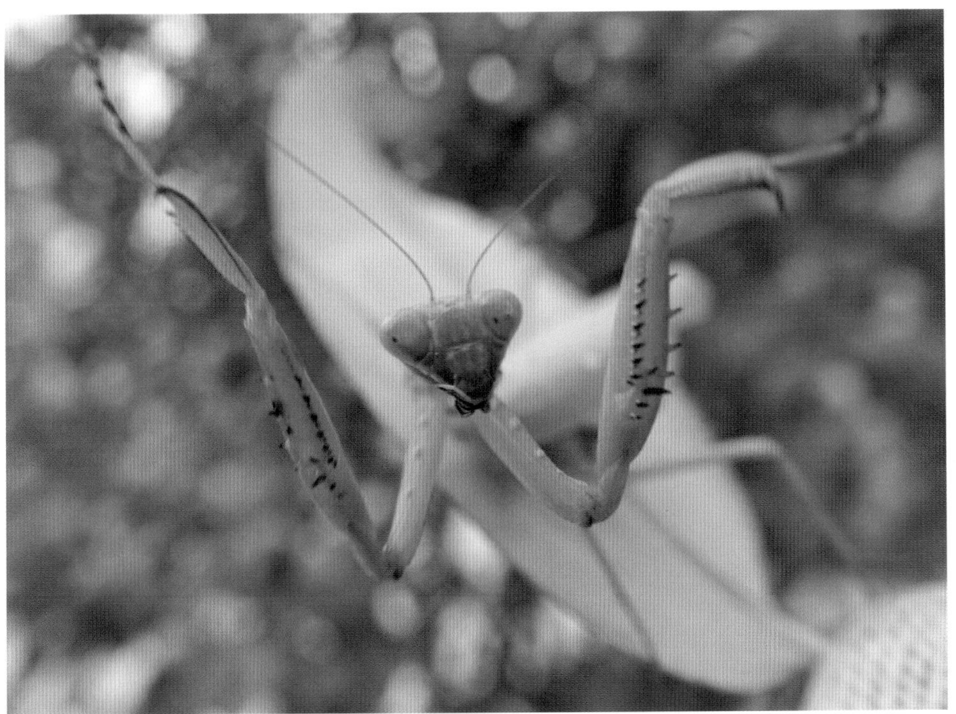

2021 年 9 月 12 日

2021 年 9 月 12 日

2021 年 9 月 12 日

2021 年 9 月 12 日

2021 年 9 月 12 日

⑫⑦ 中华刀螂 *Paratenodera sinensis* Saussure

2017 年 11 月 4 日

2017 年 11 月 4 日

2017 年 11 月 4 日

2017 年 11 月 4 日

2017 年 11 月 4 日

⑫⑧ 棕静螳 *Statilia maculata* (Thunberg)

2021 年 10 月 1 日

2021 年 10 月 1 日

2022 年 11 月 1 日

2021 年 10 月 1 日

2021 年 10 月 1 日

2021 年 10 月 1 日

2021 年 10 月 1 日

2021 年 10 月 1 日

2021 年 10 月 1 日

2021 年 10 月 2 日

2021 年 10 月 2 日

2021 年 10 月 2 日

2021 年 10 月 2 日

⑫⑨ 短额负蝗 *Atractomorpha sinensis* Bolivar

2020 年 9 月 26 日，成虫

2020 年 9 月 26 日，成虫

2020 年 9 月 26 日，成虫

2021 年 10 月 2 日，成虫

2020 年 9 月 26 日，若虫

2020 年 9 月 26 日，若虫

⑬⓪ 东方蝼蛄 *Gryllotalpa orientalis* Burmeister

2021 年 9 月 12 日

2021 年 9 月 12 日

2021 年 9 月 12 日，头部侧面

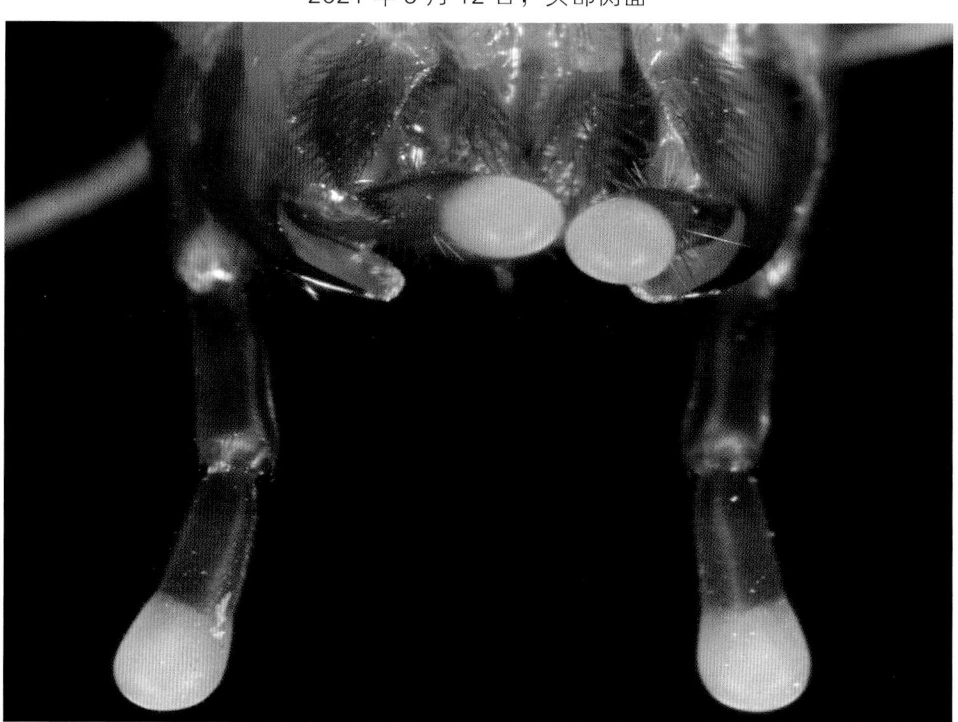

2021 年 9 月 12 日，口器下颚须

2021 年 9 月 12 日，前足外侧

2021 年 9 月 12 日，前足内侧

⑬1 树蟋 *Oecanthus* sp.

2020 年 9 月 26 日

2020 年 9 月 26 日

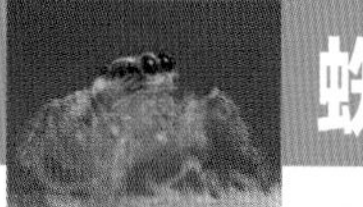

⑬² 白斑猎蛛 *Evarcha albaria* (L. Koch)

2020 年 7 月 11 日

2020 年 7 月 11 日

昆虫

半翅目

鳞翅目

脉翅目

膜翅目

鞘翅目

蜻蜓目

双翅目

螳螂目

直翅目

蜘蛛

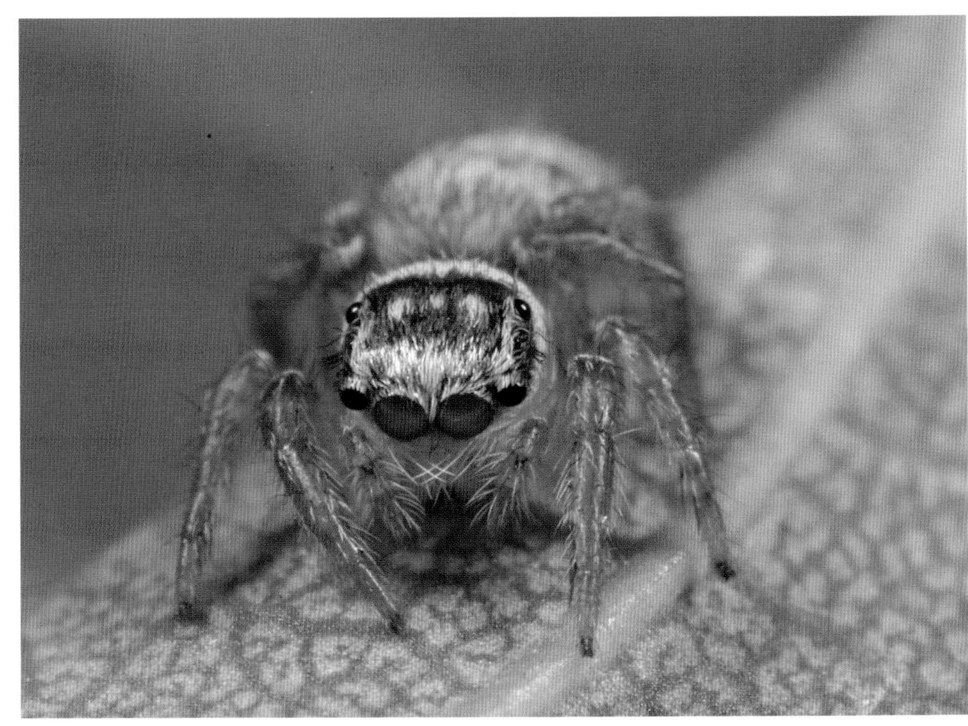

2020 年 7 月 11 日

2020 年 9 月 26 日

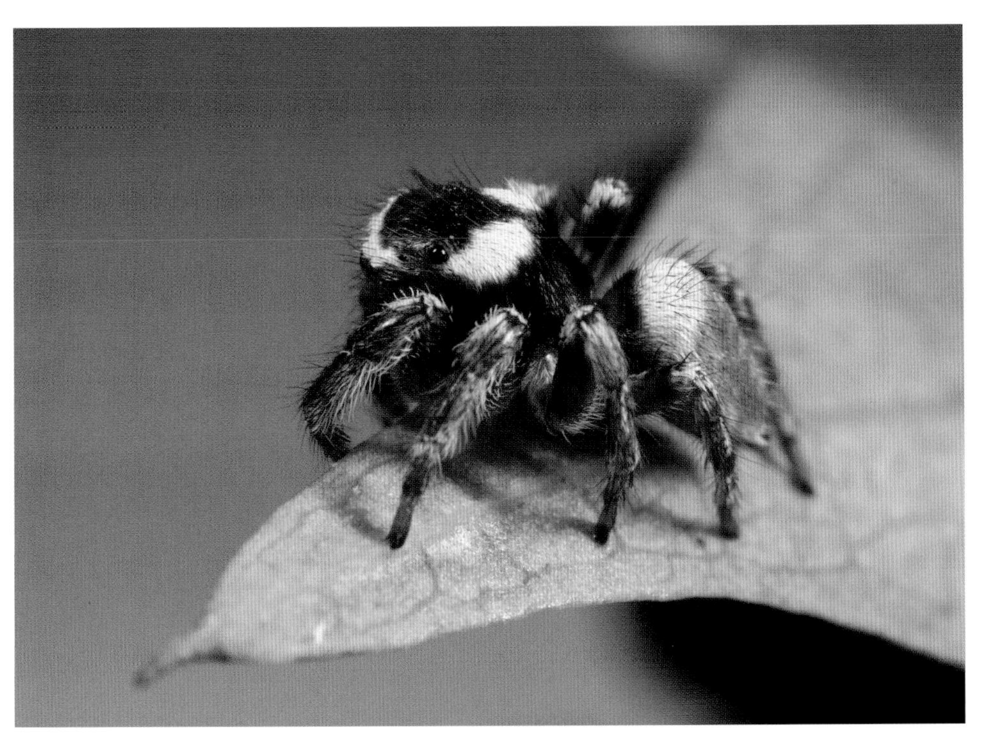

2020 年 9 月 13 日

2020 年 9 月 13 日

昆虫

半翅目

鳞翅目

脉翅目

膜翅目

鞘翅目

蜻蜓目

双翅目

螳螂目

直翅目

蜘蛛

2020 年 9 月 13 日

2020 年 9 月 13 日

2020 年 9 月 13 日

2020 年 9 月 13 日

2020 年 9 月 13 日

2020 年 9 月 13 日

⑬③ 卷带跃蛛 *Sitticus fasciger* (Simon)

2020 年 8 月 15 日

2020 年 8 月 15 日

2020 年 8 月 15 日

2020 年 8 月 15 日

2020 年 8 月 15 日

2020 年 8 月 15 日

2020 年 7 月 11 日

2020 年 7 月 11 日

2020 年 7 月 11 日

2020 年 7 月 11 日

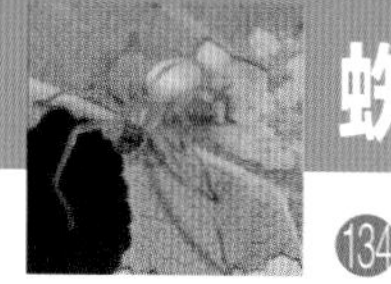

⑬④ 彭妮红螯蛛 *Cheiracanthium pennyi* Cambridge

2019 年 8 月 18 日

蜘蛛

⑬⑤ 猫卷叶蛛 *Dictyna felis* Bösenberg & Strand

2020 年 5 月 1 日，梨树

2019 年 5 月 2 日，金银花

⑬⑥ 利氏舞蛛 *Alopecosa licenti* (Schenkel)

2021 年 10 月 2 日，金银花

2021 年 10 月 2 日，金银花

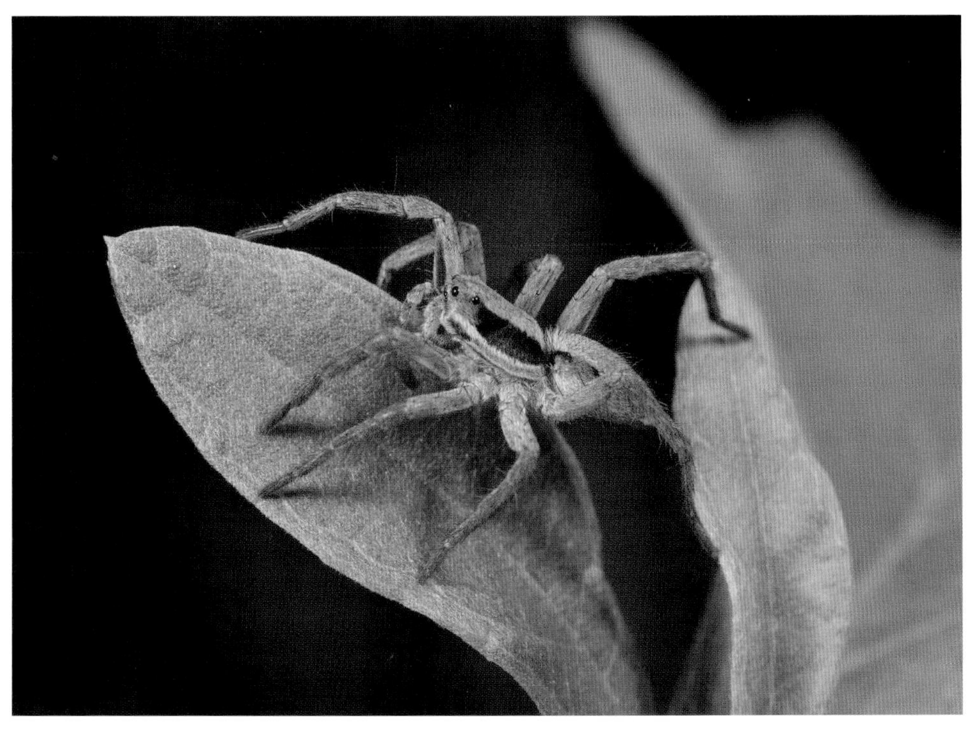

2021 年 10 月 2 日，金银花

2021 年 10 月 2 日，金银花

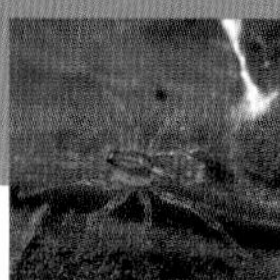

⑬⑦ 拟水狼蛛 *Pirata subpiraticus* (Boösenberg & Strand)

2021 年 8 月 28 日，红薯叶片内

2021 年 8 月 28 日，红薯叶片内

2021 年 8 月 28 日，红薯叶片内

2021 年 8 月 28 日，红薯叶片内

2021 年 8 月 28 日，红薯叶片内

2021 年 8 月 28 日，红薯叶片内

⑬⑧ 机敏异漏蛛 *Allagelena difficilis* (Fox)

2020 年 9 月 13 日，爬山虎

2020 年 9 月 13 日，爬山虎

2020 年 9 月 13 日，爬山虎

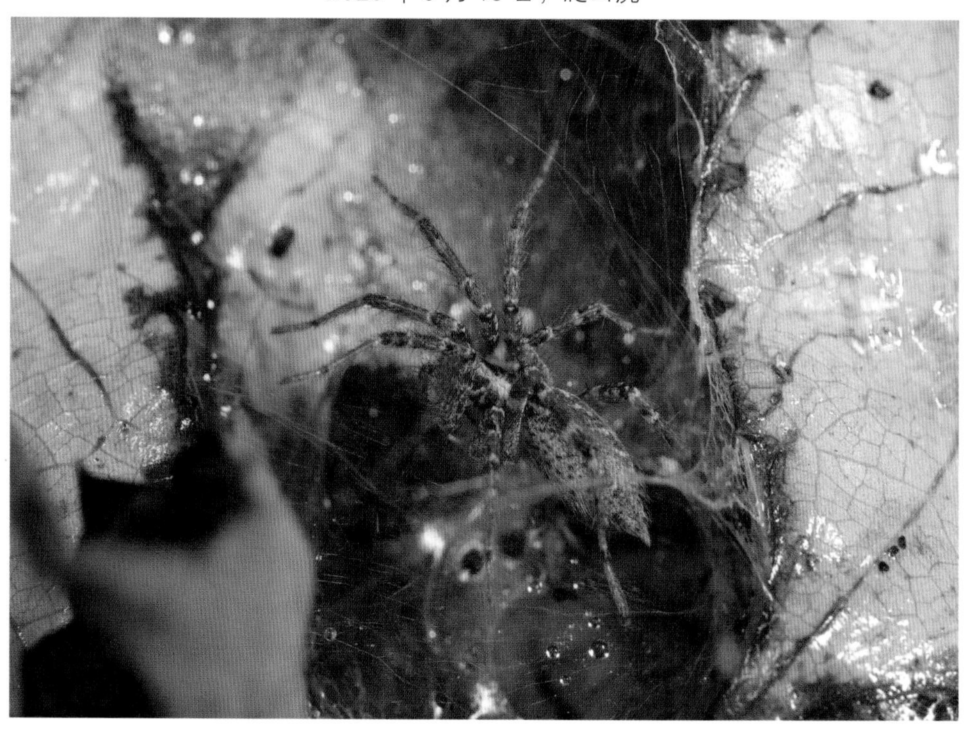

2020 年 9 月 13 日，爬山虎

⑬⑨ 森林漏斗蛛 *Agelena silvatica* Oliger

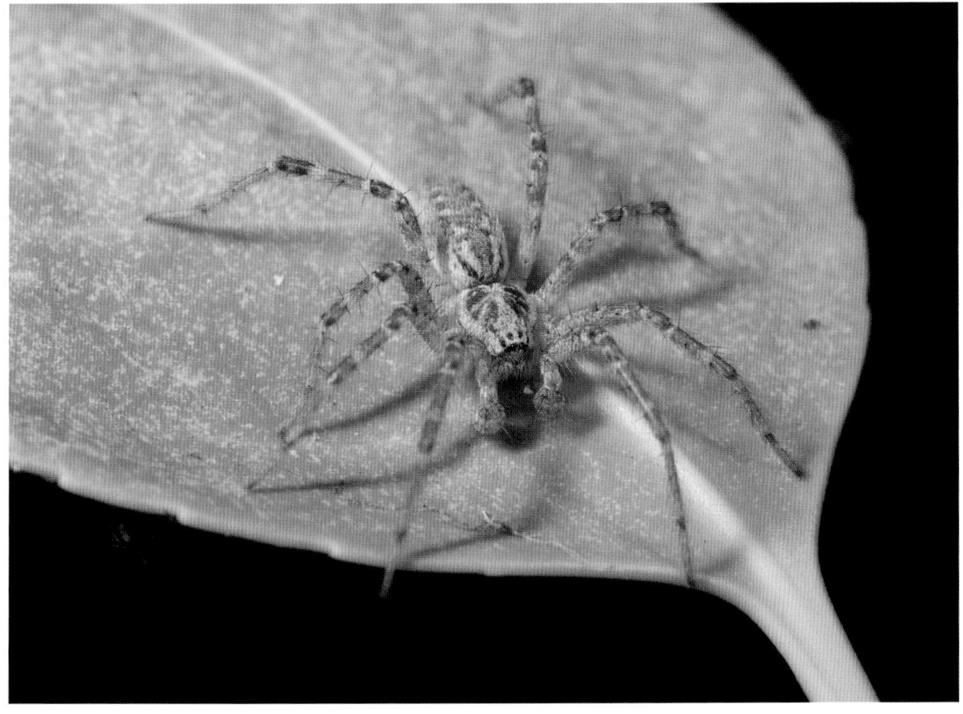

2020 年 7 月 18 日，黄杨

2020 年 7 月 18 日，黄杨

2020 年 7 月 18 日，黄杨

2020 年 7 月 18 日，黄杨

⑭⓪ 前齿肖蛸 *Tetragnatha praedonia* L. Koch

2021 年 7 月 3 日

2021 年 7 月 3 日

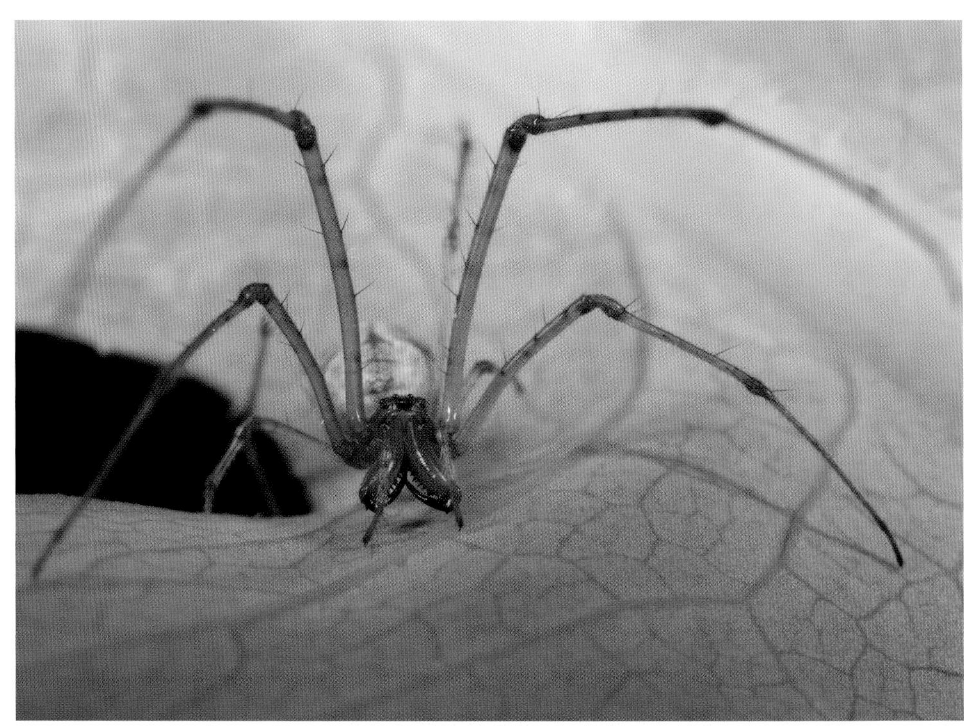

2021 年 7 月 3 日

2021 年 7 月 3 日

2021 年 7 月 3 日

2021 年 7 月 3 日

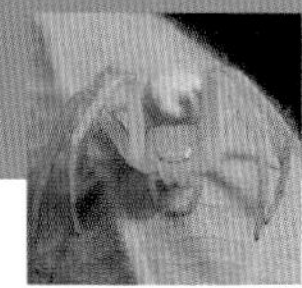

⑭ 三突伊氏蛛 *Ebrechtella tricuspidata* (Fabricius)

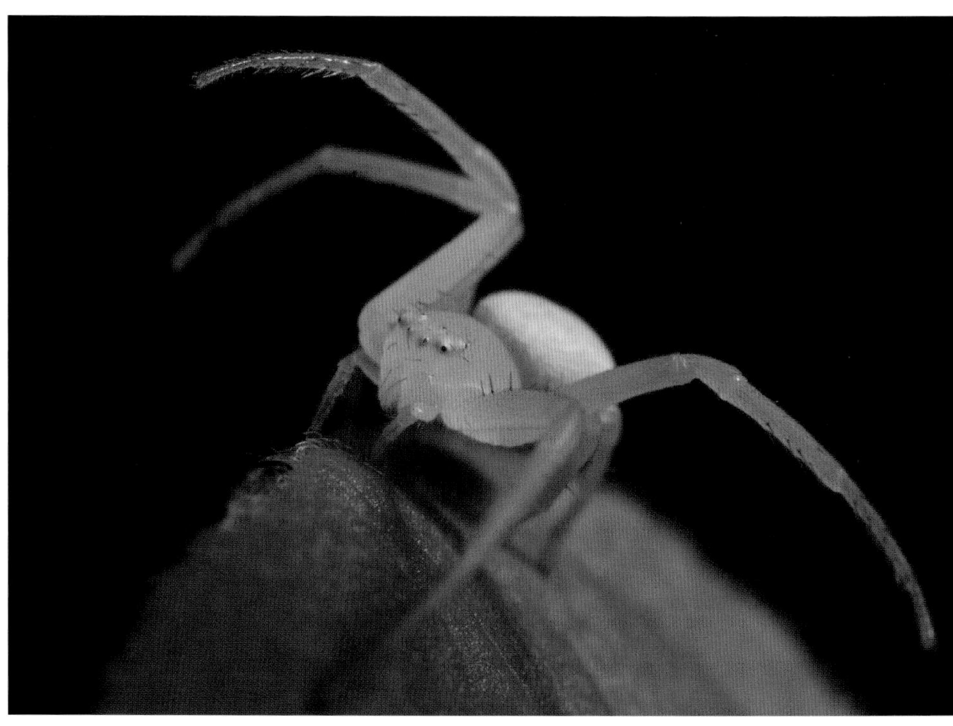

2020 年 7 月 18 日，金银花

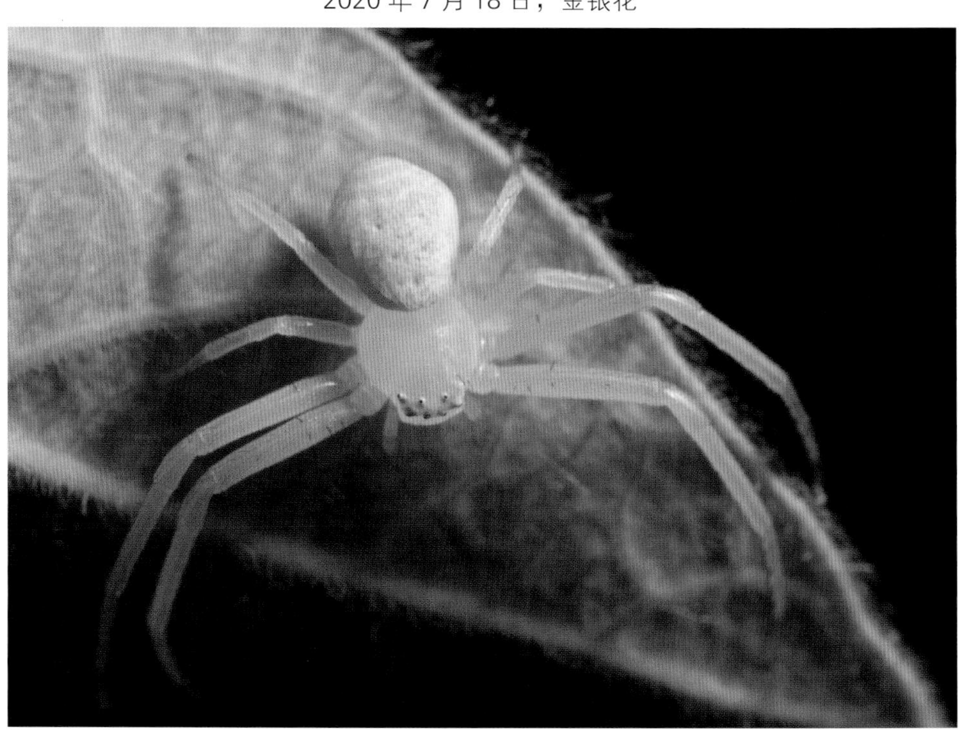

2020 年 7 月 18 日，金银花

2020 年 7 月 18 日，金银花

2020 年 7 月 18 日，金银花

2020 年 7 月 18 日，金银花

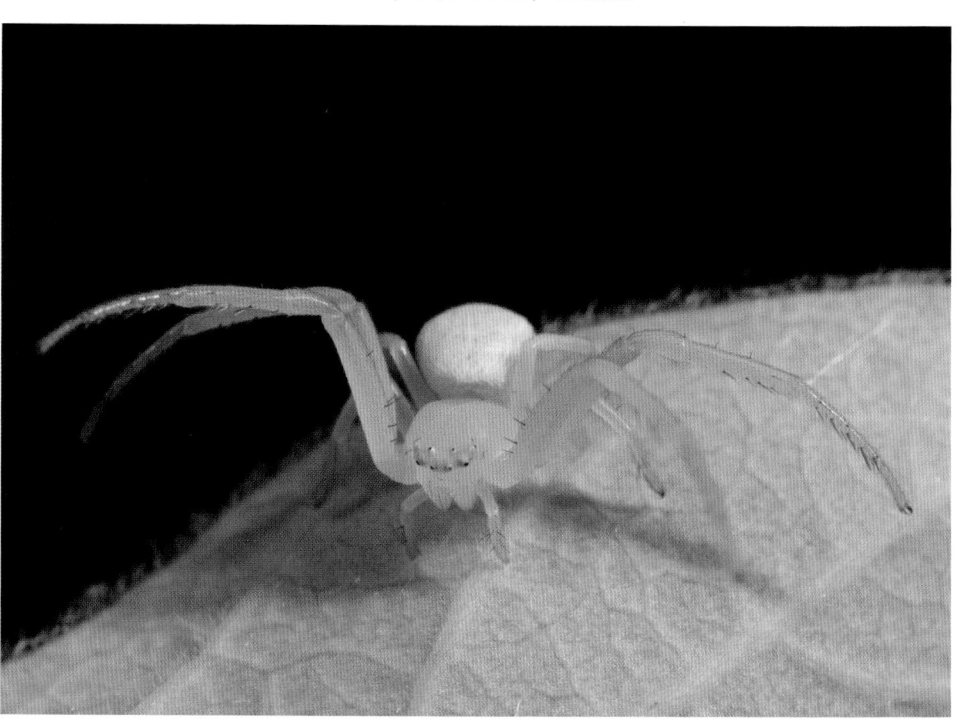

2020 年 7 月 18 日，金银花

⑭ 曼纽幽灵蛛 *Pholcus manueli* Gertsch

2020 年 8 月 8 日

2020 年 8 月 8 日

2020 年 8 月 8 日

2020 年 8 月 8 日

蜘蛛

⑭③ 大腹园蛛 *Araneus ventricosus* (L. Koch)

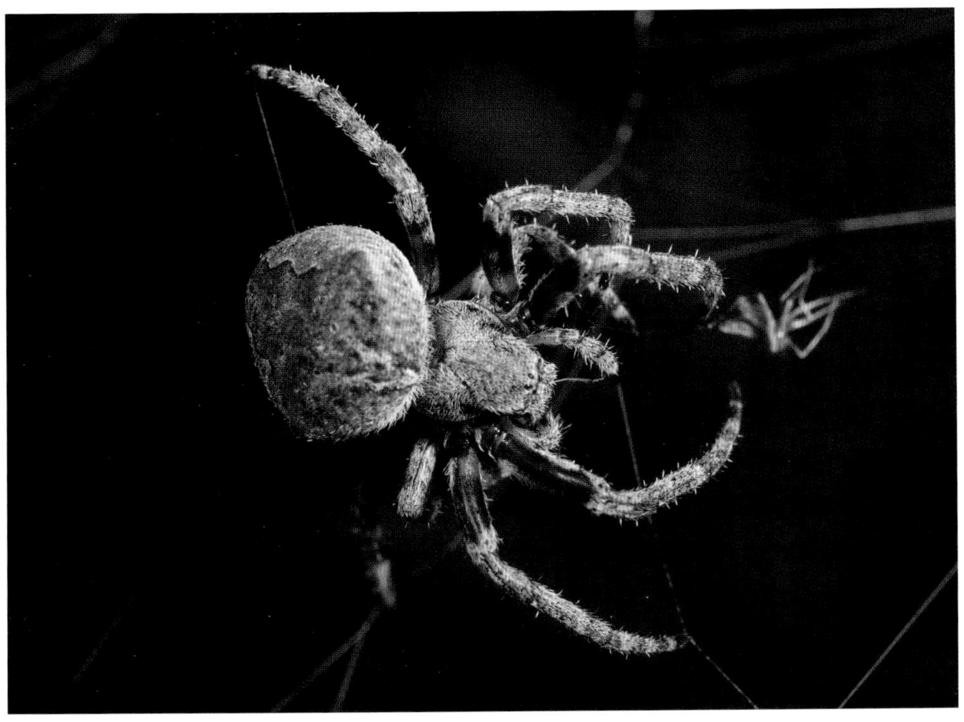

2021 年 7 月 3 日

2020 年 8 月 15 日

2020 年 7 月 11 日

2020 年 7 月 11 日

2020 年 8 月 15 日

2021 年 7 月 3 日

2020 年 7 月 25 日

2020 年 7 月 25 日

2020 年 7 月 25 日

2021 年 7 月 17 日

2021 年 7 月 17 日

2021 年 7 月 17 日

2021 年 7 月 17 日

2021 年 7 月 17 日

2021 年 7 月 17 日

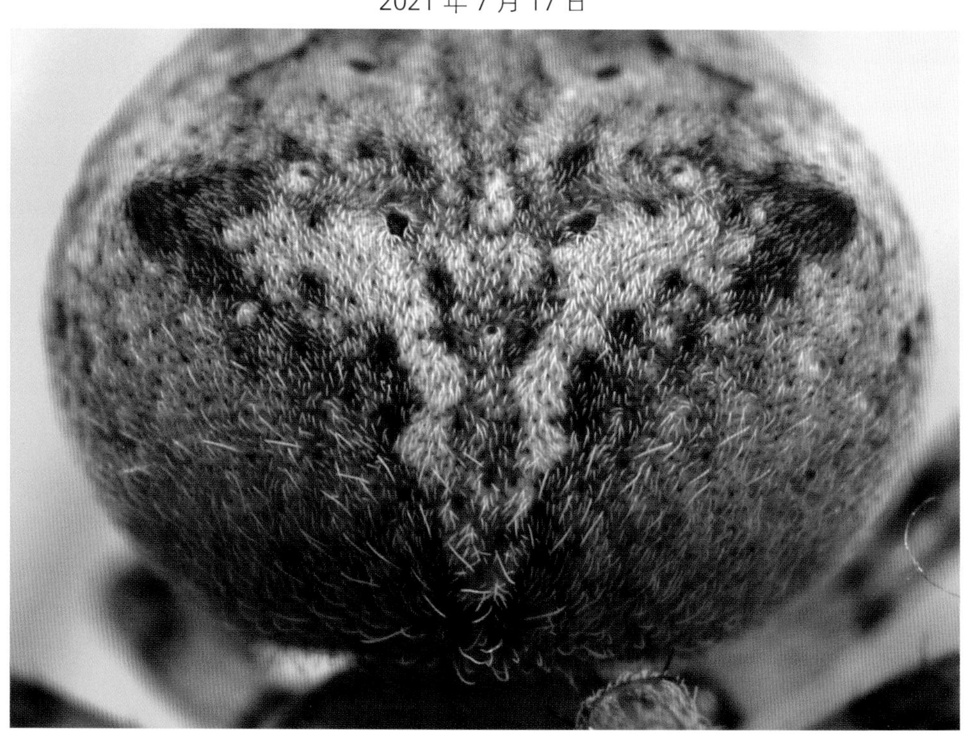

2021 年 7 月 17 日

2021 年 10 月 2 日，卵囊，花椒

2021 年 10 月 2 日，卵囊，花椒

2021 年 10 月 2 日，幼蛛群体

2021 年 10 月 2 日，幼蛛群体

2021 年 10 月 2 日，幼蛛群体

2021 年 10 月 2 日，幼蛛

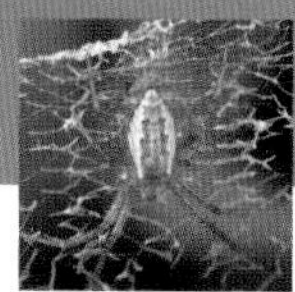

⑭ 横纹金蛛 *Argiope bruennichi* (Scopoli)

2021 年 7 月 4 日，八宝景天

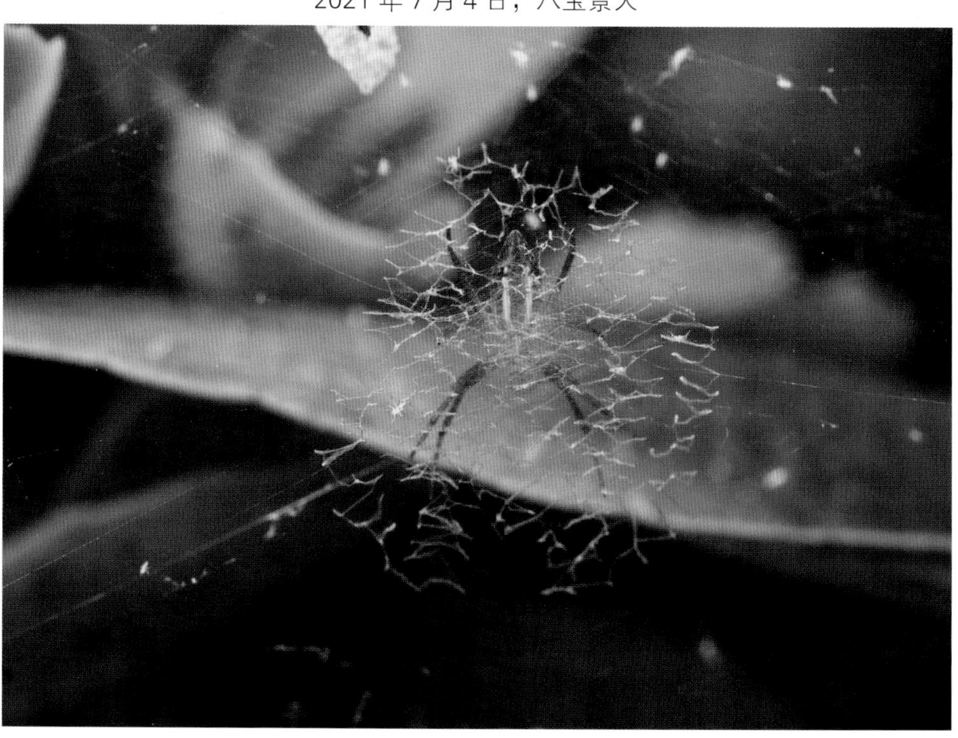

2021 年 6 月 12 日，八宝景天

2021 年 6 月 12 日，八宝景天

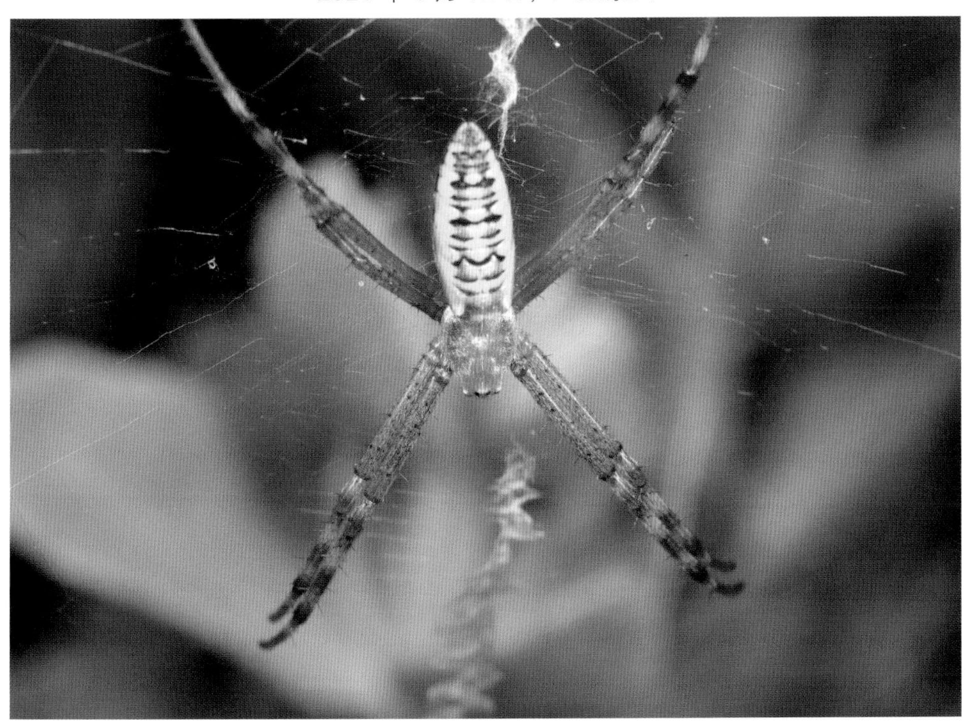

2021 年 7 月 4 日，八宝景天

2021 年 7 月 4 日，八宝景天

2020 年 7 月 18 日，葱

2020 年 7 月 18 日，葱

2020 年 7 月 18 日，葱

2020 年 7 月 19 日，葱

2020 年 7 月 18 日，葱

中文名称索引

Z

学名索引

A

B

C

D

E

R

S

T

U

V

X

Y